全民科学素质行动计划纲要

丛书顾问：袁隆平

甘向群　朱　东/主编

农博士 答疑

一万个为什么

特种种植

科学普及出版社

北　京

图书在版编目（CIP）数据

特种种植/甘向群，朱东主编. —北京：科学普及出版社，2011.9
（全民科学素质行动计划纲要书系·农博士答疑一万个为什么）
ISBN 978-7-110-07566-1

Ⅰ.①特… Ⅱ.①甘…②朱… Ⅲ.①作物—栽培技术—问题解答
Ⅳ.①S31-44

中国版本图书馆CIP数据核字（2011）第181241号

出 版 人	苏 青
策划编辑	史若晗
责任编辑	史若晗
封面设计	耕者设计工作室
责任校对	王勤杰
责任印制	李春利

出版发行	科学普及出版社
地　　址	北京市海淀区中关村南大街16号
邮　　编	100081
网　　址	http://www.cspbooks.com.cn
投稿电话	010-62103115
购书电话	010-62103133
购书传真	010-62103349
经　　销	全国新华书店
印　　刷	北京正道印刷厂印刷
开　　本	710mm×1000mm　1/16
印　　张	10.75
字　　数	200千字
版　　次	2011年9月第1版
印　　次	2011年9月第1次印刷
书　　号	ISBN 978-7-110-07566-1/S.477
定　　价	20.00元

服务农友
助推经济

袁隆平
二〇一九·八

编 委 会
BIANWEIHUI

序

XU

广西壮族自治区副主席　陈章良

党和政府历来高度重视"三农"工作，2006 年中央"一号文件"提出了建设社会主义新农村的重大历史任务，全国各地农村建设从此踏上新的征程。当前，"三农"工作已成为各级党委和政府工作的重中之重，新农村建设取得可喜进展。

建设新农村，农民朋友是主体。只有大力普及先进科学技术，提高农民朋友的科学素质，才能从根本上推动农业增产增收和农村和谐发展。《农博士答疑一万个为什么》系列丛书的出版是贯彻落实《全民科学素质行动计划纲要》的一个具体行动，她在科技和农友之间搭建了一座通俗的桥梁，用一问一答的形式详细解答农村生产和日常生活中常遇到的诸多问题，具有很强的权威性、针对性和实用性。

仔细翻阅这套丛书，我们会发现：没有长篇累牍的说教，只有通俗易懂的解说；没有高深难懂的理论，只有易于操作的方法。她像一位资深教授，时刻等待农民朋友的"提问"；她像一本农村百科全书，拿起丛书即可轻松操作解决问题。我们相信，农民朋友完全可以一看就懂、一学就会、一用就灵。

今天，在世界杂交水稻之父、中国工程院院士袁隆平的关心指导下，在广西科协科普部和南方科技报社的不懈努力下，《农博士答疑一万个为什么》系列丛书得以顺利出版，在此我对为丛书出版作出贡献的专家顾问、编辑及出版人员表示深深的感谢。同时，祝愿新农村建设之路越走越宽广，祝愿农民朋友的生活越来越美好。

是为序。

2011年9月8日

　　2010 年 12 月 24 日，广西壮族自治区党委副书记陈际瓦（中）在广西科协党组书记、副主席甘向群（右一），广西科协党组成员、副主席朱东（左二）的陪同下参观广西实施"科普惠农兴村计划"5 周年成果展示会。

　　2009 年 12 月，在广西武鸣县举办的第 16 届广西科技大集上，广西科协党组成员、副主席朱东向广西壮族自治区副主席陈章良（右二），广西壮族自治区政协副主席黄日波（左一）签名赠送自己创作的长篇科普小说《股份农民》。

　　2010年5月，在广西柳州市举行的第17届广西科技大集上，广西壮族自治区政协副主席彭钊（右二），广西科协党组书记、副主席甘向群（右一），广西科协党组成员、副主席朱东（左二），广西科技厅副厅长纳翔（左一）认真阅读《农博士答疑一万个为什么》丛书。

　　2010年7月19日，南方科技报社旗下的南方科技网正式开通，服务"三农"有了新媒体、新渠道。广西科协党组书记、副主席甘向群（前左一）点击启动南方科技网。

　　2010年12月23~25日，广西壮族自治区党委宣传部组织文化、科技、卫生等相关单位到来宾市金秀瑶族自治县开展文、化科、技卫生"三下乡"服务活动，广西科协作为成员单位积极参加活动。在活动中，广西科协党组成员、副主席谢林城（左二）代表广西科协向金秀瑶族自治县赠送价值8万元的科技图书和科普挂图。

　　广西科协副巡视员李思平（右三）到广西灵山县漂塘村科技培训中心考察当地创建全国科普示范县的工作情况。

　　2009 年全国科普日暨广西十月科普大行动期间，广西科协在南宁市青秀区举办"节能、减排、健康社区科普行"活动，广西科协党组书记、副主席甘向群（后排右二）在广西科协科普部部长周蕙（后排右一）的陪同下考察活动现场。

　　2010 年 10 月，我国著名科学家、"世界杂交水稻之父"袁隆平院士（中）正式出任南方科技报社首席专家，并与广西科协党组成员、副主席朱东（右），南方科技报社总编辑江洪（左）合影。

　　2010 年 9 月，南方科技报社举行"2010 创富能人"项目考察活动，邀请 28 位读者代表到南宁市考察城乡致富项目。图为读者代表与编辑记者合影。

　　2010 年 9 月，南方科技报社举行"2010 创富能人"项目考察活动，图为读者代表在考察鸵鸟养殖致富项目。

MULU 目 录

三、草莓……24

六、火龙果……40

八、石榴……… 67

九、紫苏……… 73

十五、莲藕…… *119*

十六、韭菜…… *132*

一、菠萝

1. 种植菠萝对温度条件有何要求？

温度在菠萝生长发育过程中起决定作用。菠萝适宜生长的温度为24~32℃，当温度高于40℃时，叶片和果实就会发生日灼病，如遇到持续干旱，植株会干枯死亡；而当温度在10℃以下时，其植株一般不发新根、不抽新叶、果实不发育，植株的生长发育趋于停止。当在冬春季日平均温度小于8℃持续1周并伴有雨时，植株会烂心；当日平均温度低于5℃时植株会出现寒害。因此，在选择种植地时应着重考虑冬季的温度，即在12月至翌年2月的月平均温度大于15℃的地方方可进行经济栽培。

2. 种植菠萝对水分条件有何要求？

菠萝是较耐旱的作物，年降水量为1000~2000毫米，月平均降雨量不少于100毫米的地方最适于菠萝生长。

3. 种植菠萝对土壤条件有何要求？

菠萝是草本作物，根浅及好气性强。疏松肥沃、有机质丰富的酸性壤土（pH值4.5~5.5）适宜菠萝生长；中性和碱性土壤不适合菠萝生长；常年积水或排水不良、过于板结的土层也不适合菠萝生长，植株除了表现生长不良外，还易发生根腐病和凋萎病。土层较深、土质疏松、通气良好、肥力较高的红壤土种植菠萝，根系特别好，植株健壮，果大，肉质密，果肉色深，果皮色鲜，果质优，风味佳。丘陵山地种植菠萝，由于土壤较薄、黏重，缺乏有机质，酸性较大，对植株的根系生长、产量及果实品质有一定的影响。因此，丘陵山地种植菠萝，要进行深翻压绿改土，多施有机肥，适当施石灰，同时要避免表土冲刷及露根。这些是山地种植菠萝丰产、优质的关键技术措施。

4. 种植菠萝如何用延留果柄裔芽育苗？

这一育苗方法是近年广东湛江产区普遍采用的育苗方法之一，由于北运鲜果和加工的果实一般采用不带柄采收，采果后果柄上仍保留着裔芽，这些裔芽可继续生长，因此采果后及时施速效肥，加强管理一段时间，裔

芽达到可种植的标准，这时采下作种苗。这种育苗方法简单，培育时间短，种苗也较健壮。

5. 菠萝芽苗如何进行假植？

将苗圃的地整好，当芽苗长至 10 厘米左右高时，移到苗圃假植，株行距为 10 厘米 × 25 厘米，经 5 个月假植后，苗高 20~25 厘米时即可定植于大田。

6. 栽培菠萝如何施基肥？

施足基肥是菠萝速生快长，获得果大，增产丰收的关键技术之一。菠萝种植密度较大，植后追施固体肥比较困难，因此特别强调植前施足有机肥，既可改善土壤结构，又利于根系的生长与营养吸收，有利于植株生长健壮，提高抽蕾率及果实品质。有经验的果农都认为，菠萝施基肥很重要，基肥胜过三追肥，一般每亩施基肥 2500~3000 千克。基肥最好用猪栏肥、牛栏肥、垃圾肥加适量的磷肥及麸饼一起堆沤腐熟后用。在广东湛江地区的一些果农除了用牛栏肥作基肥外，也有用复合肥作基肥的，每亩用至少120 千克，或过磷酸钙 80 千克 + 三元复合肥 10 千克。进行山地种植菠萝的，一般放 2 层基肥，第一层放绿肥或杂草 1000~1500 千克，并撒少许石灰；第二层放质量较好的土杂肥、花生麸、鸡屎等。

7. 种植菠萝密度多少合适？

怎样才算是合理的种植密度呢？有研究认为：有利于植株生长，减轻果实的日灼，冬季可提高地表温度，降低霜辐射，减轻霜、冻害，且能达到一级果最多，产量又最高的那个密度就是合理的种植密度。此外，还可根据品种、园地的气候条件、栽培管理水平及果实的用途确定栽培密度。如植株高大、果大的品种要适当疏植，而植株长势中等偏弱的品种，可适当密植。根据各地种植的经验，在施足基肥、选种大小一致的健壮种苗、人工催花等措施的配合下，广东湛江产区的大果品种无刺卡因一般亩植2800~3000 株，中等品种巴厘种 3000~3500 株。

8. 菠萝苗种植前为何要晒苗？

菠萝心腐病是一种对菠萝幼苗危害较严重的病害。种苗在植后 1~2 个月内发病率最高，一般可达到 30% 左右，在夏季高温多雨的季节新植发病率会更高。该病主要表现在幼苗苗心腐烂而造成缺株。要避免这一病害的发生，植前晒苗尤其重要。一般种苗分好级后，芽要去掉芽瘤，其余芽类剥去基部的几片脚叶,然后将苗倒置(基部朝上)晒苗。夏季晒苗 4~8 小时,如遇阴雨多云天气,应延长晒苗时间。晒苗对伤口较大、肉质较多的冠芽和裔芽效果更好,可减少种苗植后的发病率,提高种苗的成活率。

9. 为何采用单行植法种植菠萝?

采用单行植法种植菠萝具有通风透光好,施肥、中耕除草时较为方便的优点,但单位面积株数少,杂草多,易受风、寒、日灼害,一般适用于坡度较大的园地和品种园种植。每亩密度为 2000~2500 株,种植株距为 30~40 厘米、行距为 80~100 厘米。

10. 为何采用双行植法种植菠萝?

采用双行植法种植菠萝具有适当增加了单位面积的株数,通风透光好,减少了杂草,方便田间操作,株间可互相依靠,减少风、寒、日灼为害的优点,是目前生产上采用较多的种植方式之一。一般亩植密度为:2500~3000 株,种植株行距为:大行距 100~120 厘米,小行距 50 厘米左右,株距为 40 厘米。

11. 为何采用三行以上种植法种植菠萝?

在广东雷州半岛一带和珠江三角洲的水田的果农多选择这种种植方法,这主要是与当地耕作制度的改革及气候条件有关。该法可适当减少土壤水分蒸发,降低地表温度,抗风、抗倒伏强,相应提高了单位面积的种植株数,但在植株生长的中后期田间管理不方便,采果也不太方便。

12. 菠萝在何时种植合适?

在适宜种植菠萝地区,只要有良好、新鲜的种苗,一般全年可种植,但为了种后易发根,生长快,宜选气温高、雨水充足的季节为好,一般以 6~9 月最好。此外,也可根据产期调节来确定种植的时间。适宜种植的地区,如广西、广东东部及珠江三角洲等地,除了 11 月至翌年 1 月外,其他时候也可以种植,但最好选择晚春初夏种植,因为此时温度回升,雨量充沛,植后易发根,植株生长快,累积一定的生长量及养分过冬。冬季有轻霜、寒害的地方,最好选择 3~8 月种植,一般 10 月以后不宜定植。

13. 菠萝施肥注意什么原则?

菠萝在生长发育过程中除需要大量的氮、磷、钾三要素之外,还需要一些微量元素(主要是锰、镁),而这些养分可以从土壤中吸收。但是由于土壤中的养分不一定齐全,因此必须通过施肥,适时、适量按比例地补充土壤的养分，以满足菠萝生长发育的需要。在施肥时，坚持以氮、磷、钾配合施用，前期勤施、薄施，中期重施，后期补施的原则。

14. 如何对菠萝幼年植株施肥？

菠萝从种植至抽蕾前整个营养生长时期需要较多的氮、钾，少量的磷，一般对植株氮、磷、钾的吸收比例为 17：10：16。为了植株能速生快长，幼年植株施肥以薄施、勤施为原则。一般在植后 30~40 天开始施第一次肥，亩施 7.5~10 千克尿素，可在雨后撒施，但要注意不要将尿素撒施在幼叶和"株心"（即生长点）上，以免造成烂叶、烂心。在干旱时可用尿素水淋施，浓度为 0.5%~1%，或用腐熟的人畜粪尿稀释（1：10）淋施，以后每月追肥 1 次。植后 60 天，亩施复合肥 30 千克加尿素 10 千克，此后 20 天左右施 1 次肥，施肥量可根据植株生长情况适当增施复合肥。植后 90~120 天除施复合肥 20 千克、尿素 10 千克及其他有机质水肥外，要增施钾肥，一般每亩施钾肥 7.5~10 千克。这一时期的施肥很重要，植株将准备越冬，增施钾肥可提高植株的抗寒能力。另外，在植株进入花芽分化时期，施肥可增加小果层数，提高单果质量，此次肥一般在 9~11 月施。

15. 如何给菠萝结果株施壮蕾肥？

植株完成营养生长转入生殖生长进入开花结果阶段前，施壮蕾肥很重要，以保证植株抽蕾后根系生长及果实发育有充足养分。一般亩施尿素 5~7 千克 + 复合肥 10 千克 + 硫酸钾 22.5 千克，或用腐熟的人畜粪尿（1：10）1000~1500 千克淋施。此次肥一般在抽蕾前 15~30 天施完。

16. 如何给菠萝结果株施壮果肥？

菠萝在谢花后便转入果实迅速发育阶段，各类芽体也萌发生长，需要的养分多，在此期间，养分供应充足与否，直接影响到当年的产量，宿根果园还会影响到下一代用于结果的吸芽苗生长和植株的抗寒性。此期肥料的施用宜多且精，增施以钾为主的壮果肥，对保证植株健壮、叶色浓绿、果实增大、吸芽萌发都有显著的作用。此外，钾充足可以使植株体内碳水化合物合成迅速，运转顺畅，果实发育正常，果大，高糖低酸，品质优，风味佳，果皮较厚，耐贮运。因此在谢花后 15~20 天可结合壮果喷施 0.2% 磷酸二氢钾或其他含有机质较高的叶面肥。此后，喷 1% 尿素 1~2 次，以平衡植株抽蕾所消耗的氮。第一次壮果肥在谢花后施用，每亩根施复合肥 15 千克 + 硫酸钾 15~20 千克。施肥方法是：固肥根施，液肥淋施或喷施。此后 20~30 天再施肥 1 次，用量与第一次基本相同。

17. 如何给菠萝结果株施壮芽肥？

在采完果后，植株养分大部分已被消耗，但此时却是吸芽生长和积累养分的时期，植株营养能否及时补足，直接影响到翌年的产量。因此，抓紧采果前后对结果母株追肥对促进吸芽生长是十分重要的。吸芽从结果母株抽出后到进行花分化只有 6~7 个月的生长时间，而最旺盛的生长期只有 3 个月，比从芽苗定植的结果株营养生长时间短得多，此时虽有结果母株供给养分，比新种的菠萝苗生长快，但若不及时补充养分，生长就会减慢，叶片数减少，叶片变薄，植株长势弱，抗性差，难以正常进行花芽分化，降低翌年的结果率，即使抽蕾，结的果也较小，大大降低产量。特别是卡因品种吸芽抽出少而迟，采果后如果没有及时补充足够的养分，抽出的芽可能赶不上第二年结果，因此这次施肥十分重要。施肥及施肥方法根据采后果园是淘汰还是作翌年结果而定。若是淘汰果园，采果后亩撒施尿素或复合肥 5~10 千克，促进留柄裔芽吸芽和快速生长，使其达到可作种苗标准，用于种植。而若用作翌年结果的果园，采果后结合培土重施壮芽肥，亩施腐熟有机肥或土杂肥 750~1000 千克、尿素 30 千克、复合肥 35 千克、硫酸钾 5~10 千克，或淋施腐熟人畜粪尿 1000~1500 千克。

18. 如何进行菠萝水分管理？

菠萝虽较耐旱，对水分要求不严，但植株整个生长发育过程也不能缺水。新植园在幼苗定植时所用的吸芽、冠芽、裔芽苗尚未有根，土壤过湿会造成烂头引起烂苗，故一般不需浇定根水。但如定植后土壤过于干旱，对发根成活不利的，定植后出现 10~15 天连续干旱的，就要进行灌溉，以促进新根萌发、生长。若定植后雨水过多的，园地要注意及时排水，避免因积水造成根系缺氧而烂根，甚至死苗。在华南地区因秋季、初冬的气温不是很低，植株只要有适当的水分，根系及地上部还会继续生长，此时若及时补充水分，对植株的生长、养分积累及提高越冬能力都有好处。此外，进入结果期的果园，水分管理很重要，水不足，影响植株花芽分化、花蕾不正常及果实发育不良，造成果小，过早成熟，果肉组织不饱满，且呈"蜂窝"或"海绵"状，果实水分少，味淡，口感差，商品价值低。在华南菠萝产区，大部分地区实行秋季催花生产春季菠萝，植株抽蕾、开花结果多处于温度较低，降雨少的时期，遇干旱要对果园及时灌溉，可保持植株叶片青绿，有光泽，正常开花结果，利于果实的正常发育，保证产量和质量。

19. 如何进行菠萝园除草？

菠萝除用人工锄草外，还可用化学除草剂。生产上常用的化学除草剂是 20% 百草枯与 41% 草甘膦。百草枯对一年生单、双子叶杂草的除草效果为 95%~100%，对多年生单、双子叶杂草的除草效果也可达 60%~70%。百草枯喷后见效快，几天内杂草绿叶即变黄干枯。草甘膦除草效果也较为理想，可达 80%~95%，喷后杂草转黄干枯较百草枯慢，使用时可加少量的洗衣粉，以增加其附着力。对一年生和多年生各种杂草只要一次即可产生较好的效果，但对一些宿根性杂草则需连续 2~3 次，才能使地下根腐烂致死。

20. 菠萝使用除草剂除草要注意什么？

菠萝使用除草剂除草，如果方法得当，效果甚佳，但如果使用不当，如浓度过高或使用种类错误，则容易引起药害，且除草剂留在土壤中，会危害菠萝根系，延缓生长，使植株矮化，果实变小。使用时应注意：①菠萝对除草剂较为敏感，一般只在营养生长期大行距间畦沟、梯壁使用，小行间、株间不能用。②喷药时，喷头要压低对着地面喷洒，不可喷及菠萝叶片及心部。③宿根性杂草（香附子、茅草等）除草剂难以杀死，喷药前须先用人工清除。④应在晴天或雨后土壤较干燥时喷药，喷药后不宜进行中耕，以免破坏药层，失去药效。不同的化学除草剂，施用浓度及用药量不同，一般 41% 草甘膦的用药量为 20 升水中放药 200~300 毫升；20% 百草枯的用药量为 20 升水中放药 40~60 毫升。

21. 菠萝园如何进行中耕？

中耕多用于山地果园、土壤板结的果园。在平地的菠萝园土壤较为疏松，一般很少进行中耕，进行中耕的果园一般结合施重肥进行 1 次。如在广东湛江 8~9 月种植的园地，结合在 3 月施重肥中耕 1 次，用牛在行间犁沟，并施入腐熟的有机质肥料或复合肥，一般每亩施牛栏肥 1000 千克加复合肥 35 千克、磷肥 35 千克。此外，大雨后植株根系易被冲刷裸露，土壤板结，要及时进行中耕培土。

在山地种植的菠萝园，园地土壤多为黄壤土或砖红壤土，较黏，因此一般在大雨后要及时中耕。山地果园菠萝种植于斜坡地，大雨冲刷后，易造成地表松土流失，使植株根系裸露和地面板结，而中耕可使土壤疏松，促进植株根系发育。一般中耕的深度以 10~15 厘米为宜，应注意不要碰到植株，更不可使土粒掉入种苗心部。中耕还可增加土壤的通气性，同时结合培土覆盖根系，防止植株倒伏。中耕应在晴天进行。山地果园中耕的次数不宜过多，一般 1 年进行 3~4 次为宜。另外，结合冬季清园，施有机肥进行培土至新生吸芽基部，可促进新根生长，使吸芽健壮，有利于第二年结果。

22. 对菠萝采用植物生长调节剂催花有何好处？

在菠萝生产上，由于气候条件、品种、种苗类别和大小、栽培密度等不同，使菠萝的自然抽蕾率不一致，自然抽蕾率不高。在华南地区，无刺卡因自然抽蕾率在 70% 左右，巴厘种的抽蕾率约 60%。随着种植密度增加，菠萝自然抽蕾率会下降，不便于果园管理及果实采收。用植物生长调节剂进行人工催，抽蕾率 95%~100%，成熟期较一致，果实可一次性采收完，便于果园下一阶段的管理。近年由于种植制度的改革，菠萝种植由以前的 5 年 3 造或 3 年 2 造，改成 1.5~2 年 1 造，这样菠萝催花更显得重要了。如在广东的雷州半岛产区，在菠萝生产上采用催花技术可实现当年种植当年结果。

菠萝自然开花集中在两个时期，即 3~5 月及 7~8 月，因此果实有夏果、秋果和冬果之分，夏果于 6~8 月采收，约占全年的 80%，另一部分在秋冬季采收。夏果由于处在气温高的季节，成熟期较集中，采收高峰期仅 20~30 天，市场供应过于集中。且夏季正值台风骤雨季节，果实不耐贮运，同时也影响加工原材料的质量，由于原材料都集中在夏季采收，因来不及加工而腐烂，而菠萝外销在春季需求量多，价格高。菠萝采用乙烯利催花，按各地的自然条件、市场和加工的需要，有计划、分批进行，可使菠萝周年结果，均衡生产，延长供应期，实现周年供应市场。

23. 菠萝催花时期及标准如何？

菠萝催花必须根据当地气候条件、品种、生产布局、加工和市场需求来考虑。催花时期也因地区、品种而异，广东湛江和海南产区，巴厘种一般在 9~10 月催花，主要生产 3~5 月的春果，其他季节根据市场需求或多或少安排生产，基本保证菠萝周年供应。珠江三角洲产区主要在 11 月至翌年 2 月催花，生产 5~7 月的夏果。广西产区，无刺卡因品种 3~4 月催花，主要生产 10~11 月的秋果。根据经验，在广东产区，巴厘种、粤脆在 9~11 月催花，抽蕾率 98%~100%，而卡因类的抽蕾率约 90%，卡因类的品种从处理到抽蕾要比巴厘种和粤脆时间长 10~20 天，从抽蕾到成熟比粤脆早 10 天左右。

菠萝植株大小不同，其营养水平有差异，应用植物生长调节剂催花后，其抽蕾率、果重、品质都有差别。植株越大，抽蕾率越高，果实越大，品质越好，易丰产、稳产。用于催花的植株，巴厘种要求有长在 35 厘米以上的叶片不少于 30 片，卡因种长 40 厘米的叶片在 35 片以上。如果植株太小，使用植物生长调节剂催花，果实小，甚至抽出带冠的苞片轴，不形成花蕾。因此，生长不良的植株最好不要用激素催花，先加强管理，保证植株健壮生长后，才考虑使用植物生长调节剂催花，以确保开花结果正常，丰产，效益好。

24. 如何用乙烯利进行菠萝催花？

乙烯利用于菠萝催花要掌握好催花时间和浓度。不同品种、不同季节催花，应选用适当的药剂浓度，以达到最佳效果。在一般情况下，巴厘、粤脆、神湾等品种用乙烯利催花较卡因类品种效果好，采用的浓度较卡因类低，一般可周年处理周年结果。卡因品种抽蕾时期长，果实发育的时间也长，所以在温度较低的地区催花处理一般在 7 月前进行完毕，在冬季来临前收完果，一般不以冬果过冬。卡因类品种在广州地区 3~4 月催花，此时温度较低，可用较高浓度的乙烯利，一般用乙烯利 600 倍液加 1% 尿素催花，每株用 50 毫升灌溉株心，隔 7~10 天再灌株心 1 次，效果较好，抽蕾率 95%~98%，果在 10~11 月成熟，品质较好。巴厘种、粤脆在 10~11 月催花，此时温度还较高且干旱，乙烯利的浓度可低些，用乙烯利 800 倍液灌心 1 次，抽蕾率可达 98%~100%，果实一般在翌年的 5 月中旬至 6 月成熟。用植物生长调节剂进行人工催花时要注意：果园在催花前 30 天停施氮肥，选择晴天处理，如催花处理后 4 小时内下雨，要补灌催花药液。在温度较高的夏季和秋季催花时最好选下午 16：30~17：00 时进行。

25. 如何用电石进行菠萝催花？

电石又称碳化钙，加水后产生乙烯利气体，有促进菠萝花分化、提早开花的作用。此方法在台湾地区用得比较多，在广东中部产区也有使用。生产上可用电石粒，也可将电石溶于水制成电石水进行催花。催花时将电石粒直接投入有露水的株心，每株投 0.5~1 克，注意，在风大、干旱期株心无露水，或少露时不宜施用。如果一定要用，在投入电石粒后需迅速加 50 毫升水于株心。另外，也可用电石水灌株心，浓度 0.5%~1.0%。电石要即配即用，用冷水配制的效果好。使用时，将一定量的电石投入水中，电石在自然溶解的过程中产生大量的气泡，待电石充分溶解、水中气泡很少时，用电石液灌株心，每株 50 毫升。施用电石一定要注意安全，因它是一种易燃、易爆的物品，其他注意事项与使用乙烯利催花类同。

26. 如何用植物生长调节剂进行菠萝壮果？

生产上用于壮果的植物生长调节剂有赤霉素和萘乙酸。这两种植物生长调节剂用于壮果后，果柄有所增粗，对防止果实断柄、倒伏有利，但果心也增大，肉质疏松，酸度偏高，味偏淡，品质有所下降，不耐贮运。萘乙酸壮果还会出现肉粗、黑心，在较高温情况下成熟的果实果皮不转黄，果农较难判断采收时期，易造成果实过熟采收，品质及贮藏性下降，果实经济效益低，目前广东菠萝产区一般不用萘乙酸进行壮果。

赤霉素壮果在广东湛江产区较常使用，而华南地区其他产区也有使用赤霉素壮果的，但使用的浓度和方法略有不同。如在广州地区卡因种在花期一般喷 1~2 次，在幼果期喷 1 次，即在开花末期喷第一次赤霉素壮果，浓度为 50 毫克／千克，同时加 1% 尿素；在谢花后 20 天左右（即幼果期）喷赤霉素 70 毫克／千克，加 0.2% 的磷酸二氢钾。而在广东湛江徐闻，在植株谢花 1/2 时用 15 升水加赤霉素 1 克和 30 克磷酸二氢钾混合后喷湿果实；距第一次喷果 10~15 天后再用 15 升水加赤霉素 1.5 克和 30 克磷酸二氢钾喷果。对广西产区的巴厘种用赤霉素壮果时，一般在开花末期用 20 升水加 1 克赤霉素再加 1% 尿素喷第一次；隔 20 天后用 15 升水加 1 克赤霉素加 0.2% 磷酸二氢钾或含钾的叶面肥喷第 2 次。

喷赤霉素时应注意：①药液要均匀喷在整个果面，以湿润为宜，如喷不均匀，会引起果畸形。②以选择阴天或阴天有零星小雨的天气喷果效果最好。在干旱天气或晴天喷后用草覆盖效果会更好些。

27. 如何进行菠萝催熟？

菠萝催熟一般用于大面积果园，且是生产秋、冬果，或生产加工果的果园。因秋、冬温度渐低，果实成熟期长，用乙烯利催熟果实可使果实成熟期较一致，减少采收的次数，降低成本。夏果一般不提倡催熟，因为此季节高温高湿，熟果易发生生理性黑心，贮藏性下降，果烂得快且严重。此外，供应市场的鲜果最好也不要进行催熟，以保证果实的品质。

采用乙烯利催熟的浓度和时期要掌握好。浓度一般为 500~800 毫克／千克。在气温低时宜用高浓度，气温高时则反之。一般在采前 3 天左右或果实七成至七成半熟时用乙烯利喷果催熟。在进行菠萝催熟时要注意，不要把药液喷到小吸芽上，因为高浓度的乙烯利会诱发小吸芽早抽蕾。处理时要选择晴天，以均匀喷湿果面为宜。

28. 如何防治菠萝黑心病？

菠萝黑心病又称小果心腐病，是一种生理失调病，是广东、广西和福建等菠萝产区广泛流行的一种病害，近年在海南也发生。该病主要为害果实，在果实生长发育过程中开始受害，至果实成熟期为害明显。受害轻的可降低果实品质，严重的可丧失商品价值。

防治方法：①改善栽培条件，科学用肥。施足基肥，以土杂肥为主，增施磷钾肥，控制氮肥用量，氮、磷、钾的比例为3：1：2。追肥要早，避免在成果期集中施用。②改变结果时期。在病区应以夏果、春果生产为主。避免成熟期处于低温或气温急变季节。③在将开花时，严格控制赤霉素和萘乙酸催果时的使用浓度和次数。通常以75毫克/千克赤霉素与200毫克/千克萘乙酸混配使用较好。且应注意使用时期，一般从谢花期开始使用，每隔10~15天滴施1次，一个果季只能使用3次。④花期喷施多菌灵、噻菌灵或敌菌丹800~1000倍液，保护发育中的花序，使大田基本上没有此病害的发生。⑤适时采收、加工。秋、冬果在成熟度为五六成左右时采收；罐用果应在采后2~5天内加工完毕。在雨天及露水未干时不采果。远运应用冷藏车运输，并保持恒定温度为7~8℃为佳。⑥使用抗氧化剂。使用1%二苯胺处理菠萝，可明显降低黑心病发生率。

29. 如何防治菠萝黑腐病？

菠萝黑腐病又称软腐病，是果实成熟及贮藏过程中的重要细菌病害。它为害果实，也为害幼苗和叶片。我国广东、广西、海南、福建、台湾等地均有发生。被害果面出现水渍状软斑，病斑逐渐扩大到整个果实，形成黑色大斑块。果肉变黑腐烂，并发出酸臭味。病菌还能为害茎顶部及嫩叶基部，引起心腐。该病在温暖潮湿的季节发病尤为严重。在雨天打顶造成伤口过大且难以愈合时，果实较多发病。在低温霜冻期间，受害果实也易发病。在采收贮藏运输期间，机械伤口多，发病也多。

防治方法：因该病病原菌自伤口侵入，防治应以避免产生伤口为原则采取措施。①去冠芽应在晴天进行，以利于伤口愈合，减少病菌侵染。为防止感染，可采用50%多菌灵可湿性粉剂500倍液或75%甲基托布津可湿性粉剂1000~1500倍液涂抹伤口，防止病菌感染。②菠萝采收宜在晴天露水干后进行，或在阴天采收，忌雨天采收。采收时，可用刀切割，果柄留1~3厘米长。切口要平滑，还要尽量做到轻拿轻放，避免和减少机械损伤。③果实经处理后，用硬纸板箱或木箱装载。贮藏库须先打扫干净并消毒。在贮运中，夏天应注意通风降温，冬天须注意防寒保温。贮藏中要注意仓库的通风和降温。

30. 如何防治菠萝小果褐腐病？

菠萝小果褐腐病又称果目病、小果心腐病，是菠萝主产区广泛流行的一种季节性病害。此病主要是花期遇雨而引起的，果实在生长发育过程中即开始受害，只是幼果发育阶段，病菌处于休眠状态，症状基本不表现出来，当果实进入成熟阶段时，病菌开始活跃并扩大侵染范围，使小果及小果子房壁呈褐色或黑褐色，并逐步木栓化，果肉变硬。患病较严重的果实外表一般与正常果无异，但削去皮可见到花腔下有褐色斑片，组织腐烂，且硬实无汁液，严重的还可看到果眼有点凹陷。一般可从重量及敲果的声音中辨别，病果虽大，但重量轻，敲果时声音较响。

防治方法：①花期每隔 2~3 周喷 1 次氧氯化铜 600 倍液或波尔多液。②选择抗病品种，改善栽培条件，合理施用钾肥或钙镁磷肥，以提高植株的抗性。③改变结果期，对于发病严重的地区可通过人工调控花期，以生产夏果和春果为主。

31. 如何防治菠萝根结线虫病？

菠萝根结线虫是菠萝的重要病原之一，它主要为害菠萝地下根系，使根系生长不正常，严重时导致根系坏死和腐烂，从而影响菠萝的生长和发育。根结线虫生存最适温度为 25~30℃，适宜微酸性土壤，适宜 pH 值 4~8。露地栽培 1 年发生 3~5 代。田间土壤湿度是影响线虫孵化和繁殖的重要条件。在干燥或过湿土壤中，其活动受到抑制。土壤湿度在 40%~60% 时病害发生严重。一般沙质土发病率比黏质土高。

防治方法：①加强田间管理。及时清除病残体、根残枝，增施腐熟有机肥，合理灌溉，促进新根生长，以增强植株抗病和耐病能力。②控制人为传播。线虫病害是土传病害，在农事操作过程中，应注意防止种苗调运、土壤、灌溉水、修剪工具及施肥等农事活动传播。采用无病壮苗进行种植。③水淹法。有条件的地区对地表 10 厘米或更深土层淤灌 4 个月，可起到防止根结线虫侵染、繁殖的作用，根结线虫虽然未死，但已失去侵染能力。④化学防治。通过施用适当的杀线虫剂，如杀线灵、丙线磷可取得较好效果。重病田定植时，用 20% 硫双威乳油加 1.8% 阿维菌素乳油叶面喷施，穴施 10% 克线磷颗粒剂，每亩施用 5 千克。

32. 如何防治菠萝日灼病？

在夏、秋果迅速发育成熟阶段，日照强烈，摘冠后，果实直接受到烈日照射容易被灼伤，该病最易发生在 6~8 月。卡因类皮薄的品种易遭日灼。被害果皮变褐，果肉组织局部坏死、失水、空心或因染菌侵入引致腐烂。

灼伤部分的果皮呈褐色疤痕,果肉风味变劣,果汁极少。由于局部组织坏死,果实水分散失快,极易成为空心果。

防治方法:①束叶法。无刺卡因品种使用此方法操作较易。方法是:用麻皮或塑料绳将几片叶束起来遮住果。束叶时不要束得太紧,以可蔽日和利于通风为宜。②皇后类和西班牙类的品种因叶片有刺,束叶操作不便,可采用松针、芒萁等覆盖果以防晒、护果,也可用稻草或其他柔软的杂草盖果。但该法易招引蟋蟀咬果,因此要注意防蟋蟀。③盖顶法,即不打顶芽。在菠萝种苗充足的情况下,不要摘除果顶冠芽,在果实生长发育过程中,留冠对果实的大小有一定的影响,但可防日灼起护果作用。④穿叶法。将3片不同方向的叶子互相叠扎在果顶上,呈平顶式,将第四片叶子压在上面,并使其从第二片叶子处穿过,再插回本片叶子,拉紧即可。

33. 如何防治菠萝红蜘蛛?

菠萝红蜘蛛在菠萝产区发生较为普遍。红蜘蛛成虫以口器刺破叶或根的表皮,吸吮汁液。通常聚于重叠的叶基,为害表皮细胞,严重时阻碍植株生长,甚至使整株干枯死亡。该虫在夏、秋高温干旱季节为害严重,如不及时防治,则会由局部扩展到全园。

防治方法:在夏、秋高温干旱季节红蜘蛛盛发期前喷药防治,可用三氯杀螨醇1000倍液,或水胺硫磷800倍液,或双甲脒3000倍液等。

34. 如何防治菠萝蛴螬?

蛴螬是金龟子幼虫的通称,是为害菠萝的主要地下害虫。在有机质多和土壤质地疏松肥沃的新植区,金龟子产卵和幼虫的生长发育快,菠萝受害特别严重。另外,施用未腐熟厩肥和未加杀虫剂的堆肥、垃圾与猪牛粪等作基肥时,菠萝植株也会受害严重。其幼虫主要藏匿在土中啃食菠萝植株的根和茎。受害植株初期叶片褪绿,生长不良,叶片失去光泽,变成红紫色,叶尖干枯。地下茎被咬成不规则大小缺刻洞口,造成植株叶片凋萎,结果期植株被害严重时造成果实萎缩及全株干枯,受害植株一拔即起。

防治方法:①灯光诱杀。利用金龟子成虫的趋光性,在5~9月成虫发生期,在闷热的傍晚持火捕捉成虫,或可在果园用200~500瓦的灯光或黑光灯诱杀成虫,还可进行人工挖杀幼虫。②生物药剂防治。主要有苏云金杆菌、甲氨基菌素、白僵菌、绿僵菌、金龟子芽孢杆菌等。③化学药剂防治。结合根外追肥,当发现有幼虫为害时,在肥料中加入敌百虫800倍液,或用敌敌畏液淋湿菠萝植株基部,以杀死地下金龟子幼虫。

35. 如何防治菠萝白蚁?

白蚁群居在菠萝等植物的根、茎叶上,蛀食植株皮、茎干、根部和果实,为害严重时可使整株枯死。白蚁为害在 5~6 月形成第一个为害高峰期。当 7~8 月气候炎热时,以早、晚和雨后活动频繁。入秋后,季节干旱,白蚁通过增加取食来弥补大量需要的水分,逐渐形成第二个为害高峰期。

防治方法:①寻巢与挖巢灭蚁。可以通过分析地形特征、为害状、地表气候、蚁路、群飞孔等判断白蚁巢位。确定蚁巢位置后,追挖时从泥被线或分群孔顺着蚁道追挖,便可找到主道和主巢。②熏烟法。把硝酸钾30%、氯化铵 10%、锯末 55%、硫磺 5% 分别干燥粉碎、混匀制成烟剂,燃烧前加入一定量的 80% 敌敌畏乳油、50% 甲铵磷乳油、2.5% 溴氰菊酯乳油,放入熏烟器中,点燃发烟后迅速塞紧木塞,可听到呼呼响声,封蚁道。该法蚁王蚁后熏死率 98% 以上。③喷施灭蚁药剂。一般在白蚁活动较频繁的季节(4~10 月)施药收效快。找到白蚁活动场所,如聚集在伐根内的白蚁群,可将药液直接喷入,不必挖巢即可达到全歼巢群的目的。常见的药剂有:50% 福美双、80% 敌敌畏、48% 毒死蜱、5% 氟虫腈浓悬浮剂、10% 氯氰菊酯乳油、2.5% 溴氰菊酯、25% 辛硫甲氰菊酯乳油、76.9% 松节油、98% 杀虫螟丹原粉、76.9% 樟脑油、吡虫啉、联苯菊酯等。为害高峰期在植株泥被上直接喷洒 300 倍液。

二、板栗

BANLI

36. 板栗劈接如何进行砧木处理？

在需要嫁接的部位选择光滑通直处垂直将砧木锯断，用镰刀将断面圆周削光。选择树皮光滑处用劈接刀在砧木面的中间劈开，深 5~7 厘米，若砧木面过粗，可在砧木面上平行相间地做垂直劈口 2~3 条，以便多插接穗，有利于接面伤口的愈合。

37. 板栗劈接如何进行削接穗？

将接穗下端削成长 5 厘米左右的楔形，削面要平直光滑，最好在外侧留一个"救命芽"，以提高成活率。每个接穗留 2~4 个芽，顶芽要留在外侧。

38. 板栗劈接如何进行接穗结合？

先用硬木撑子将砧木劈口撬开，一边插一个接穗，使接穗和砧木的形成层对准，拔掉撑子即可夹牢。砧木直径达 6 厘米以上的，夹力大，拔掉撑子以前要往劈缝当中放一个硬木块。插入接穗时，不要将削面完全插入，要留下 0.5~1 厘米，这叫"露白"，目的是给愈合组织的生长留出余地。劈接一般每一个砧木接上 2 个接穗，过粗的砧木也可接 4 个接穗，而劈口最好不要交叉，以免互相受影响。

39. 板栗劈接如何进行绑扎与保护？

接好后，用塑料薄膜包扎，下端要超过砧木裂口 1~2 厘米，上端要高出接穗顶端，中间填入湿锯末（手捏出水为准），或湿沙壤土（手握成团稍搓即散为宜）与接穗顶端平齐。为了减少锯末或湿土的水分蒸发，可用木棍剪成缝隙把塑料薄膜稍微夹拢。为了防止日光烧灼接穗嫩芽，可在薄膜的内侧或外围再衬一层废纸进行遮光。当嫁接部位接近地面时，最好也按上述方法处理，若无条件，也可以培土堆。培土前必须把砧木附近的干土层铲除，露出湿土，这样培的土堆才能与地下水分接通。要先实（即接口附近的湿土用手按实）后暄。土堆直径 50~60 厘米，以超过接穗顶部 5~10 厘米为宜。如果在山区嫁接时，如有石子也可在砧木周围砌成石埂，里面填充湿土，保持湿润，以利成活。

14

40. 板栗何时进行插皮接为宜?

插皮接也叫皮下接、袋接。该嫁接方法具有接穗与砧木接触面积大,成活率高,操作方便,容易掌握等优点,是目前生产上应用最广的一种嫁接方法。尤其适用于多年生较粗的砧木高接换头。该法的嫁接时间一般在接穗萌动以前、砧木离皮以后进行。过早砧木离皮程度差,接穗不能插入形成层,而插入较软的皮层内不能成活;过晚则皮层松,夹力小,也影响成活。总之,插皮接比劈接时间稍晚,一般以在 4 月中下旬到 5 月上中旬为宜。

41. 板栗插皮接如何进行砧木处理?

砧木的锯断和光滑与板栗劈接相同。若树皮较硬时,应先在插入接穗的地方把砧木树皮切一竖口,以防止不规则的撕裂。为防止接合部位漏风,最好把插入接穗处的砧木粗皮刮去,以露出红褐色的细皮为宜。

42. 板栗插皮接如何进行削接穗?

在接穗下端削一个长 5 厘米左右的马耳形斜面,削剩下的厚度为接穗直径的2/5 左右。砧木粗可厚些,砧木细可薄些。削面最好一刀削成,要平滑。削面的背面如有芽的,要削去。削侧面两侧要轻轻各削 1 刀,恰好去一丝皮层,露出形成层。接穗下端的背面要成三棱尖。接穗留 2~4 个芽,顶端第一、第二的芽要留在两侧,不要向里或向外。

43. 板栗插皮接如何进行接合?

将木扦对准砧木上的竖切口,插入皮层与木质部之间使呈一袋,深达接穗削面的 1/2~2/3。然后拔出木扦,将接穗削面朝里插入,露白 0.5~1 厘米。直径 4 厘米左右的砧木,可接两个接穗,直径 8 厘米者可接 4 个接穗。由于砧木断面并非正圆形,而是不规则的圆形,所以插入接穗的部位要注意选择。在凹陷处插入接穗,双方形成层能密接,成活率高;相反则成活率低。

44. 如何采用腹接法嫁接板栗?

"腹接法"是秋季不截干的一种嫁接方法。具体作法是:①开砧。在砧木离地面约 7 厘米高处平直一侧向下轻削一刀,刀口长 3 厘米左右,稍带木质,形成砧皮与树苗干上离下连的切口。②削接穗。先将穗条剪成有两个芽、长 4~6 厘米的穗段。第一刀在接穗下部削一个长 3~3.5 厘米的长削面,要求平直、光滑,深达木质部。第二刀在长削面的反面削一长 0.5~1

厘米的马耳形短削面，要求要与长削面成40度的角度。第三刀在马耳形的上部削一长2~2.5厘米、与长削面平行的平削面。然后将接穗插入砧木切口中，位置是长削面向内，将砧皮覆盖接穗的短斜面及上部的平削面，使砧、穗紧密愈合，最后用塑料膜带将砧、穗的伤口密封扎紧。待嫁接成活、春季接穗萌芽时，在距砧木接口上端0.5厘米处剪断砧木尾部，并用刀划破包扎的塑料带，使其松开。

45. 板栗如何采用切接法嫁接？

"切接法"宜在春季砧木树液尚未流动或砧木较小时采用。具体做法是：①开砧方法。在砧木离地面5~6厘米高平直光滑处剪断，削平剪口，在断面平直的一侧，自下而上轻轻削一约0.1厘米长的短斜面，并在短斜面的木质部与韧皮部之间垂直向下削一长3~3.5厘米的削面，形成砧皮与苗干上离下连的切口。②接穗削法。与腹接法相同。要注意的是，在嫁接时，要将削好的接穗插入砧木削面的切口中，若砧、穗大小不一，可对齐一边，使两者形成层紧密相接。嫁接好后要用塑料带将砧、穗的伤口密封扎紧，但要注意将接穗芽外露出来。

46. 板栗嫁接后如何除砧木上的萌蘖和摘心？

嫁接成活后的板栗要及时抹去砧木上的一切萌蘖。应从嫁接后半个月开始抹第一次，以后隔1个星期左右抹1次，直到9月份。为使板栗嫁接树多生分枝，早形成树冠，达到早期丰产，嫁接当年新梢生长到60厘米时，及时将顶梢拧去。以后每当新梢长到30厘米左右时再摘一次心，而各骨干枝应在50厘米长时摘心。这样可促进副梢生长，多长侧枝，使树冠圆满紧凑，有些副梢顶端芽充实饱满，第二年即可结果。

47. 板栗园栽植密度多大较适宜？

在密植园条件下，板栗的单株产量虽然随着密度的增加而减少，但单位面积产量却随着密度的增加而大幅度地增加。实践证明，建板栗园应采用中、低密度为主。栽植密度以多少为宜，要根据土壤和栽培条件差异来确定。土层肥沃深厚，且有灌溉条件，每亩可栽植56株，株行距为3米×4米；土层较深即（1.8米左右），无水浇灌条件，每亩可栽67株，株行距为2.5米×4米，土层在60厘米以上的丘陵、山坡地，每亩可栽111株，株距为2米×3米。选用以上栽植密度栽植，一般经过一次间移就可达到预留的永久株数。

48. 板栗园为什么应多品种混栽?

板栗自花授粉结实少,花粉主要靠风传播,一般可传到 20 米以内,风大时达 170 米。据观察,分散栽培的板栗大树,靠近授粉树的一面比背向授粉树的一面结实率可提高 23.7%。而大面积板栗园一般人工授粉比较困难。因此,应选用 3~4 个授粉组合好的优良板栗品种进行混栽,使其互相授粉就能多产果。采用 2 米 × 3 米的株行距离栽植,优良品种授粉树,可隔 5~6 行栽植 1 行,或隔 5~6 株栽植 1 株授粉树都可以。

49. 板栗建园为什么要深翻整地?

板栗为深根性树种,只有土壤深厚、通气性好,才能有效地吸收、分解、利用养分和水分,促进根系生长,进而才能叶茂果丰,因此建园以前应进行深翻。在缓坡丘陵地建园应做好等高梯田,进行普遍深翻,深翻土层应在 70 厘米以上。栽树定植点要设在靠外缘 1/3 处土壤较厚的地方。若一次整地有困难时,也可进行两次整地。一般低山丘陵地区土壤瘠薄,采用两次整地较省工、省劲。利用雨后山坡上层土壤,母质墒情好的特点,提前整修浅坑,待雨季到来时坑内便能充分截存坡面径流和加深土层渗透能力,经过多次反复加速了坑内母质的风化,进行第二次深翻时必然比较省工、省劲。

在平坦地建园应进行全面整地。如在定植前不能一次完成时,可在栽植后逐年扩穴。先挖宽 1 米、深 80 厘米的条带沟或挖长、宽各 1 米、深 80 厘米的大坑,在挖沟(穴)时,将表层熟土和深层的生土分别堆放,回填时不要打乱土层。待建园后,随着树体生长发育和根系的扩展,再进行逐年扩穴,直到将全园普遍深翻。

50. 为什么板栗施肥浇水要统一?

水对果树是起着命脉作用的生态因素,是板栗树生长健壮、高产稳产、连年丰收和生长长寿的必需物质。肥料的分解,养分的吸收、运转、合成和利用必须在水的参与下才能进行。所以施肥必须浇水,肥效才能发挥,两者密不可分,应当统一运筹,才能达到预期的效果。

板栗对肥料的吸收有自身的特点。板栗从发芽开始进行吸收氮素,在新梢停止生长后,果实膨大期吸收最多;磷素在开花以后到 9 月下旬吸收量稳定,10 月以后几乎停止吸收;钾素在开花前很少吸收,开花后的 6 月间迅速增加,在果实膨大期达到吸收高峰,10 月以后急剧减少。据专家介绍,每生产 100 千克板栗需要氮、磷、钾分别为 4 千克、6 千克和 5 千克。

51. 板栗树如何施用羊粪？

将羊粪摊平、晒干、砸细，并在每立方米中拌入 1 公斤辛硫磷。掺匀后堆成圆台形，用泥糊平，15~20 天后即可做基肥施用。作为基肥的有机肥必须早施才能发挥肥效。因板栗根系的活动比地上部分开始早、休眠迟（成龄树的根，土温大约在 8.5℃开始活动），所以在不引起再次生长的前提下，对秋施基肥的时期一般越早越好。基肥通常是结合深翻施入，以提高地温，使断根伤口容易愈合。同时，此时根系的吸收和叶片的光合效率仍高，如果结合施入部分速效性化肥，则效果更为理想。

52. 为什么板栗混栽后还要进行人工授粉？

在有多品种优良板栗混栽的栗园里，一般来说是不需要人工辅助授粉了。但是若在花期遇有不良的天气，如连续降雨或有强干热风，特别是在南方，板栗开花期间正值梅雨季节，花粉很难借风力和昆虫蜜蜂传粉，这就需要人工辅助授粉才能达到多开花、多结果的目的。另外，对于散生栽植已进入开花结果的幼中龄板栗树以及大板栗树均应进行人工授粉。

53. 怎样采收板栗花粉？

板栗当雄花序上有 70% 左右的花朵开放时正是采花的适宜时期。由于散花粉的高峰时在 9 时以后，所以采花时间应在 8 时左右为宜。采花时要选择多个大粒品种的雄花枝上的花序，采后立即摊晒在铺有洁净纸的苇席上。苇席架要离开地面，放在避风、干燥、受光良好的地方。若遇到阴雨天气也可放在屋里采用电灯补光。摊晒 3~5 小时，要经常翻动。当雄花序晒干时，去掉花轴，用筛除花梗、花丝等杂物。再将尚未开裂的花药碾碎，筛除杂质，放在棕色玻璃瓶里。花粉在常温下的萌发能力很强，可保持 1 个月左右。

54. 怎样给板栗授粉？

板栗雌花授粉时间为 10~15 天，授粉的最佳时机是雌花柱头反卷 30~45 度时。授粉时，凡能用手可触及到的花枝，可用毛笔粘上花粉点在雌花上；手够不到的花枝可将 1 份花粉掺上 5~10 份淀粉或滑石粉，混合均匀以后进行喷粉或装入有孔隙的布袋里，在花枝上方抖撒授粉。也可在花粉里放入 10% 的蔗糖液，再加 0.15% 的硼砂，向花枝上进行喷雾更好。注意，授粉应在无风的晴朗天气下进行。

55. 板栗幼树怎样整形修剪？

板栗"实膛控冠"的修剪以自然开心和主干分层两种树形为主。在植株高1米左右时，骨干枝不宜留的过多，开心形的主枝2~3个，主枝角度保持45度左右，主枝间距为25~30厘米。主干分层形的主枝4~5个，为1层1条枝，主枝间距1米左右。各主枝的方位等距向四面辐射，上下层不要重叠。各主枝上保留1~2个侧枝，侧枝位于主枝的外侧，第一侧枝着生位置应在主枝距主干1厘米处；第二侧枝与第一侧枝呈相反方向选留，在主枝上两枝相距60~80厘米。幼树旺枝剪截一般不采用拦头短截。

56. 初结果的板栗树怎样进行修剪？

板栗的结果母枝绝大部分都着生在一个延伸的顶端，一般为3~6条枝，呈掌状排列，俗称"掌状枝"。对于这些枝采用早春修剪和夏季修剪相结合的方法，使一部分枝当年结果，并培养一部分枝分别在第二年、第三年结果，形成三套枝，这样既可保持产量稳定，又可控制树冠过快扩展。第一套枝是保留一部分结果母枝进行当年结果；第二套枝重短截一部分结果母枝，对截后抽生出的新梢在25~30厘米处摘心，对雄花枝在基部或盲节上留3~5个芽进行短截，对结果枝果前梢留下3~5个芽进行摘心，培养成第二年的结果母枝；第三套枝是将一部分结果枝中的果前梢全部摘去，第二年早春修剪时从基部留2~3个芽进行重短截，抽生的新梢长到25厘米左右时，再进行摘心，培养成后年的结果枝。

57. 板栗盛果期修剪结果母枝留量是多少？

一般嫁接的板栗树中型品种在1平方米的树冠投影内留健壮结果母枝8条；大粒品种每个果枝着苞多的留6条；实生苗树一般可留10条左右。注意，母枝留量不可过多，否则常会导致栗果变小，树势转弱，大小年差距拉大。

58. 盛果期的板栗树如何培养结果枝组？

树形完整后，结果枝组的壮枝重截并结合夏季摘心，培养枝组，或修剪辅养枝培养结果枝组。对密挤重叠的枝组要控制改造，改善树冠通风透光条件，枝组回缩或疏剪的枝组，剪口的隐芽又萌发新枝，可再次利用或培养成结果枝组。有些品种顶端有3~4个并列的强梢，对多年生的三叉枝、内生枝、交叉枝、过弱枝要疏剪，保证枝间有足够的空隙。随着骨干枝的外延生长，内膛秃裸带不断增长，要采取回缩修剪进行控制，树冠外围2~3年生部位先回缩压低树冠。一般一年回缩1/4~1/3。对其他光腿枝、重

叠枝、交叉枝进行全部回缩。

59. 密植板栗园怎样整形修剪？

板栗在密植条件下，应将密植的行间枝条向株间方向拉成平斜，造成扁平的篱形，可保持行间的空隙使受光和便于管理。拉枝成平斜的枝条又能促使后部生出壮枝结果，结果后适当回缩减缓外移，也可采取无固定骨架的自然形，将枝条向四周空间拉成平斜，待结果后回缩，保持小冠，或采取短截和摘心相结合的控冠方法。夏季摘心可收到控冠效果，幼树嫁接当年根据发枝强旺程度进行 1~2 次摘心。第一次在新梢长到 30 厘米时摘心，第二次摘心要长短结合。嫁接后第二年摘心 1~2 次，在雌花前留 1~3 片叶摘心。对于不结果枝，要提早摘心，以促发分枝，采用多结果的方法进行压冠，即以果压冠。

60. 改劣换优后的板栗大树怎样修剪？

板栗劣种大树一般多是大枝多且紊乱，无一定树形。因此在改造时先因树回缩，打好丰产、稳产的骨架。主侧枝的回缩要因树势而异，如衰老树一般截去原枝长的 1/2，截头部位处直径应掌握不超过 8 厘米；中庸树一般截去原枝长的 1/3；旺树一般截去原枝长的 1/4。打骨架要本着主枝长留，侧枝短留，过多的大枝疏除，病枝、枯枝全部剪去的原则，一般每棵树留 5~7 个主枝，并因树做形。实践证明，板栗实生低产大树，经过改劣换优，产量得到大幅度提高。

61. 板栗老树怎样进行更新？

要使弱老树板栗长势复壮，应及时对各类枝条进行轮替更新修剪。对于多年生放任生长或管理不当的栗树，因树体过于高大，树冠与邻近树发生密接，树势过度衰老时，要采取大更新的办法。对于要进行大更新的衰老栗树，在更新前加强土、肥、水管理，然后再进行更新修剪，缩剪大枝。缩剪后可使树冠降低 1 米、冠径缩小 1/3。第二年剪口处隐芽萌生出强壮的新枝，从中选择发育充实、斜向生长的保留，以培养新的枝头，同时选留适宜的小枝培养，这样 2~3 年后即可结果。

62. 何时采收板栗合适？

采收板栗的时期直接关系到板栗的产量、质量和耐贮藏的性质。板栗的干物质的积累大部分集中在果实发育后期，也就是成熟前的 1 个多月以内，尤其是成熟前的 2 周栗果增重最多。早采、生采的板栗因水分含量高，耐贮藏性差，且采收季节早，气温高，容易失水或发热霉烂，极不利贮藏。

板栗果实成熟时表现为刺苞开裂，果皮由黄白到褐色斑条进而全褐，果坐与刺苞能自然离开或接近自然离开。用于贮藏的板栗，应以栗子充分成熟、自然脱落为最好。这时采收的栗子成熟度高、品质好、耐贮藏。若按全株来说，应以 1/3 栗果开裂时进行采收最好。采收后入库前应摊开晾晒 1 周左右，使栗果的田间温度降下来以后，再入库贮藏。

63. 如何防治板栗炭疽病？

板栗炭疽病病菌侵染板栗的叶、枝、果。叶片受害后会出现圆形或不规则形病斑，呈褐色，后期病斑边缘会生有小黑点即病原菌的分生孢子盘，中央为灰白色。枝干受害后，呈圆形黑色病斑且较光滑，失水后下陷腐烂，易遭风折，后期会逐渐枯死。受害芽病部呈褐色腐烂状。果实受害多从顶部开始出现症状，最初出现圆形黑褐色病斑，果肉干腐皱缩。该病病菌主要从伤口侵入，所以日灼、虫害、机械损伤有利于病菌侵入。病菌有潜伏特性，从幼果侵入，潜伏在幼果表皮里，待果实近成熟或成熟时才表现症状。该病菌喜高温高湿环境，湿度影响最大，所以在雨季发病较严重，管理粗放、潮湿荫蔽的果园发病较重。果实伤口多，在贮运期间发病严重。

防治方法：①加强果园管理，增强树势，提高树体抗病力。科学修剪，剪除病残枝及茂密枝，调节通风透光，注意果园排水措施，保持适当的温湿度。结合修剪，清理果园，将病叶、落叶集中烧毁，减少病源。②适时采收，在采收和贮运期，避免果实受伤，减少病菌入侵的条件。③药剂防治：在发病期，全面喷施 1 次 3~5 波美度石硫合剂，或喷 45% 石硫合剂晶体 40~60 倍液。重病的板栗园应在 7~8 月份喷药防治，每隔 10~15 天喷 1 次，连喷 2~3 次。常用药剂有 80% 代森锰锌可湿性粉剂 800~1000 倍液，溴菌腈可湿性粉剂 600~800 倍液，50% 多菌灵可湿性粉剂 800~1000 倍液，和 70% 代森锰锌可湿性粉剂 1000~1200 倍液。

64. 如何防治板栗白粉病？

板栗白粉病为害苗木、幼树较重，被害嫩梢和叶片上布 1 层白粉，病斑发黄或枯焦，影响生长，严重时可引起幼苗死亡。该病为害叶片、新梢和幼芽后，在叶片上先出现黄斑，随后出现大量的白色粉状物即分生孢子。受害的嫩枝常发生扭曲，嫩梢被害处亦生有白粉，影响木质化，易遭冻害。在整个生长季节，随着新梢的生长，病菌连续产生分生孢子，多次侵染危害。温暖而干燥的气候条件有利于白粉病的发展，南方梅雨季节抑制侵染。发病以 1~2 年生苗木最重，10 年生以上的大树发病较少。苗圃潮湿、过密的情况下，幼嫩新梢发病较重，幼树根蘖、食叶害虫危害后新萌发的嫩叶及较嫩的徒长枝都是容易发病的部位。

防治方法：①清理栗园。冬季清除落叶、病枝和萌芽条，集中烧毁，以减少越冬病源。②增强抗病力。合理施肥、灌溉，注意肥料氮磷钾三要素的适当配合，多施钾肥及硼、硅、铜、锰等微量元素，控制氮肥用量，避免徒长。宜采用高床育苗，以利排水，妥善掌握播种量，避免苗木过密，以增强其抗病能力。③喷药防治。发病期喷 0.2~0.3 波美度石硫合剂或硫磺粉，也可喷 25% 粉锈宁可湿性粉剂 1000 倍液，或 1：1：200 波尔多液，均有良好效果。

65. 如何防治板栗象鼻虫？

板栗象鼻虫又名栗象，果实象鼻虫等，属鳞翅目，象虫科。该虫以幼虫为害板栗果实，果实被害率可达 80% 以上，是为害板栗影响安全贮藏和商品价值的一种重要害虫。

防治方法：①农业防治。实行集约化栽培，加强栽培管理，搞好栗园深翻改土，消灭土中越冬幼虫。清除栗园的栎类植物，减轻象鼻虫虫源。②人工防治。及时拾取落地虫果，集中烧毁或深埋，消灭其中幼虫。利用其成虫假死习性，振动树枝于发生期，虫落地后捕杀。③药剂处理土壤。虫口密度大的栗园，于成虫出土期在地面喷洒 5% 辛硫磷粉剂。完工后用铁耙将药、土混匀。土质堆栗场上，脱粒结束后用同样方法处理，消灭其土中幼虫。④药剂防治。成虫发生期，往树上喷 40% 乐果乳剂 1000 倍液，或 50% 敌敌畏乳油 800 倍液，或 90% 敌百虫晶体 1000 倍液，消灭成虫具高效。

66. 板栗老产区如何防栗瘿蜂？

每年 6~7 月份，栗瘿蜂成虫从被害的芽瘿内钻出来，爬到附近的当年生新枝上，产卵于就近的芽内，一般每只雌虫在每个芽内产卵 2~3 粒。卵经 30 天左右即可孵化出幼虫。幼虫在芽内取食原基组织，并在其中越冬。被害栗芽当年从外表看不出异常，到翌年春栗芽萌动时，幼虫又继续取食为害，导致长出的叶片畸形，被害芽逐渐膨大成瘤，瘤色由绿变红，到秋季带瘤的小枝逐渐枯死。

防治方法：①药物灭成虫。因栗瘿蜂幼虫是在芽瘿内为害，喷药很难杀死，只有在成虫钻出虫瘿外产卵期间喷药防治效果才好。一般在有 20% 的成虫时即可喷药。药剂可用 90% 敌百虫 1000 倍液，或敌杀死 2000~3000 倍液，在晴天或阴天上午无露水的 8~11 点或下午 4~7 点喷药杀虫率高。一般每隔 5 天喷药 1 次,连续喷 3 次。据研究实验数据表明,喷敌杀死的效果较好,一般灭虫率可达 97%,而敌百虫的灭虫率为 90%。

②修剪灭幼虫。实践证明,冬季修剪栗树枝条,能有效地消灭越冬的栗瘿蜂幼虫,即从入冬后至翌年 2 月,将树冠内直径小于 4 毫米的小枝条全部剪掉,基本上可控制栗瘿蜂的危害。

三、草莓

67. 如何建立草莓苗圃？

草莓苗圃要选择地势平坦、土壤疏松肥沃、排灌方便、光照良好、未种过草莓或已轮作其他作物 2~3 年的地块。前茬以种过大豆和瓜类蔬菜为宜，最好采用腐熟的菜饼加氮、磷、钾化肥，或草莓专用的复合肥作为基肥，避免施用未成熟的猪、羊、鸡粪等有机肥，以免易生成蛴螬等地下害虫。不要用烟草、甜菜、马铃薯、番茄、豌豆、玉米等有共同病虫害的前茬地。整地要施足充分腐熟的有机底肥，一般亩施优质圈肥 5000 千克、过磷酸钙 100 千克，或磷酸二铵 10 千克。然后深翻耕耙并做畦，畦宽 1 米、长 15 米左右，畦埂要直，畦面要平。栽植前应对土壤采取适当的沉实措施，以防栽植浇水后畦内土壤下沉。种苗最好选用无毒秧苗。没有条件时，要选择植株完整、无病虫害的优质壮苗。

68. 草莓怎样用营养钵压苗？

繁殖草莓优良品种时，在草莓母株少的情况下，可在匍匐茎大量发生时期，将口径为 15~20 厘米的花盆埋在母株周围，盆里装入肥沃的营养土，将匍匐茎上的叶丛压在盆土里，保持适宜的湿度促使生根。这种方法可提早获得健壮的秧苗，带土移入母本园，移植后没有缓苗现象，当年还能继续抽生匍匐茎扩大繁殖。

69. 草莓苗期怎样松土浇水？

草莓的秧苗栽植成活以后，应适当晾苗。在整个生长期要进行多次中耕除草，使土壤保持疏松，尤其在匍匐茎抽生时期，松土有利于匍匐茎苗的扎根和生长。发生匍匐茎后，为了促进幼苗生长，应停止中耕，以促壮苗。在雨季前要注意小水勤浇，使苗圃地土壤经常保持湿润即可，雨季还要注意排水防涝，保证秧苗的正常生长发育。起苗前要控制浇水，防止秧苗徒长，以免影响成活率。

70. 草莓为何要摘叶摘花蕾？

1. 摘除老叶。草莓的新叶长出以后，要及时将老叶摘除，由于老叶的光合作用较弱，影响通风透光，不利于秧苗生长。因此，应随着新叶的出现生长和匍匐茎的发生，对植株下部衰老干枯的叶片要及时摘去，以利通风透光。这项工作在整个生长季节都要不断地进行。

2. 摘除花蕾。作为繁殖的草莓母株，随着生长会出现花序和花蕾。花蕾的发育会消耗掉大量的营养，影响母株的健壮生长和匍匐茎的发生，因此，当母株显蕾时要及时摘掉。实践证明，除蕾比不除蕾，母株的匍匐茎苗可增加 40%~60%。

71. 草莓秧苗出圃前为何要断茎断根？

草莓花芽分化后出圃的秧苗，在苗圃内应采取促进花芽分化的措施。

1. 断茎。当草莓匍匐茎秧苗长出 4 片复叶后，可将同母株连接的匍匐茎切断，使之脱离母体，成为一株独立生长的秧苗，这样有利于子苗的健壮生长。

2. 断根。在草莓花芽分化前的 10~14 天，对生长健壮的具有 4~5 片复叶的子苗要进行断根处理，减少根系对氮素的吸收供应，从而抑制植株地上部分的营养生长，有利于花芽分化。断根的方法是：采用花铲在秧苗的一侧或两侧，向着秧苗根部斜铲下去，以有断根的感觉时为宜。然后把花铲抽出来，而不要把秧苗挖起来，随后按压一下秧苗和松土。

72. 怎样进行草莓园合理轮作和换茬？

草莓与其他作物轮作换茬和间作套种的形式多种多样。例如草莓与水稻轮作，两者互不影响。草莓可与瓜、豆间作，还可与葱、蒜、菠菜等蔬菜间作。在幼龄草莓园或葡萄园间作草莓更普遍，且管理省工，成本也低，收益也大。高秆作物与草莓间作或果树行间种植草莓，还能起到遮阴降温的作用，这对南方地区减轻酷暑高温的影响，促进幼苗生长发育有一定的效果。但是草莓不能与茄科类植物，如西红柿、茄子、烟草、辣椒等间作。草莓也不能与桃园间作，因为桃蚜可传播草莓病毒，而草莓的黑霉病也会为害桃树，同时上述作物也不能作为草莓的前茬。

73. 怎样掌握草莓栽植密度？

合理的栽植密度是获得草莓高产的重要条件。一般每亩栽植 1 万株为宜，过稀、过密都会影响产量。保护地栽植密度可适当缩小些。栽植株行距要根据栽植温度、栽植方式、土壤肥力及品种等决定。一般 1 年 1 栽植的株行距宜小，多年 1 栽植株行距应适当加大。一般畦宽 1.2~1.5 米的平畦，每畦栽 4~5 行，行距 20~25 厘米，株距 15~20 厘米。株型小的品种密度可加大。

74. 种草莓栽植多深为宜？

草莓栽植的深度是影响植株成活的主要因素。栽植过深，因苗心被土埋住容易造成秧苗生长缓慢或腐烂；而栽植过浅，因根茎外露，很难产生新茎，便会引起秧苗干枯死亡。合理的深度应使苗心的茎部与地面相平。若畦面不平，浇水以后又容易造成秧苗被冲或淤住苗心的现象，降低成活率。因此，栽植前要严格做好整地工作，栽植时要做到"深不埋心，浅不露根"。可先把土挖开，将苗根舒展放在穴里，然后填入细土，略加踩实，并轻轻提一下苗，使根系与土壤紧密结合，再踩实一次。栽后立即浇1次定根水。浇后如果出现露根或淤心的植株，以及与花序预定伸出方向不合要求的植株时，均应进行调整或重新栽植。

75. 生产无公害草莓可否施用化学肥料？

所谓的生产无公害草莓并不是完全不能施用化学肥料，而是说要坚持不论施用什么肥料都不能造成环境和果实污染的原则，不能使果实中有毒害的残留物影响人身健康。因此，在施肥时要以有机肥为主，限制施用化学肥料，坚持有机肥与化肥按比例施用的原则。

76. 草莓怎样施基肥？

无公害草莓栽培要以基肥为主，辅以追肥。基肥以有机肥为主，辅以氮磷钾复合肥。基肥的施用量以每亩施入充分腐熟的有机肥2000~3000千克，同时加入氮磷钾复合肥30~40千克、过磷酸钙40千克。新建草莓园基肥在草莓栽植以前结合耕翻整地进行施入。多年一栽制的草莓园在果实采收以后进行，施入深20厘米左右。基肥施入后要与土壤充分混合，使肥料均匀分布。

77. 为什么栽植草莓要进行根外追肥？

草莓的生长和结果除需要氮、磷、钾主要营养成分外，还需要铁、硼、镁、铜、锌、钼等微量元素肥料，虽然需要量少，但对草莓生长发育有着重要的作用。采用微量元素作根外追肥，能增加草莓植株的抗逆性，显著提高草莓的产量和质量，提高果实的糖分和维生素C的含量。工业和农业生产上应用的硼酸、硫酸铜、硫酸锌、硫酸镁、钼酸铵等都可以作为根外追肥。可在现蕾期到开花期进行喷施2~3次。如可用浓度为0.6%的锰酸钾和钼酸铵配成的溶液，或用0.3%的硼酸、硫酸钾喷洒叶片，这样第一年能增产 10%~20%，第二年能增产 30%~50%。根外追肥可用喷雾器在阴天或晴天的下午 4 时以后进行。

78. 为什么要对草莓进行疏花疏果？

一般每株草莓可抽生 2~3 个花序，每个花序上又着生 3~30 朵小花。先开的花结果好，果个大，成熟早，而高级次花开花往往不孕成为无效花，即使有的能形成果实，也由于果实太小，无采收价值而造成无效果。因此，对高级次花，在花蕾分离期，最晚在第一朵花开花时进行适当疏去，使每个花序结果在 12 个以内，以集中营养使留下的花朵结出个大优质的果实，并使成熟期集中，减少采收次数。疏果是在坐果后的幼果青色时进行，主要疏去畸形果和病虫果。

79. 栽培草莓时为什么要进行垫果？

对草莓进行垫果是为了防止果实增大下垂接触地面，因被泥土污染、引起烂果和病虫害为害而影响果实着色降低品质。垫果一般在花开后 2~3 周进行。在草莓株丛间铺垫稻草等物，每亩需要 100~150 千克，或把秸秆切碎围成草圈，将 2~3 个花序上的果实放在草圈上，果实采收完后再撤除。这种垫果的方法适用于没有铺地膜的露地栽培草莓园。垫果不仅有利于提高果实品质，而且对防止灰霉病也有一定效果。

80. 如何防治草莓白粉病？

草莓白粉病主要危害果实和叶片，也危害叶柄、果柄等。发病部位表面密生一层白色雾状物。叶片受害，正反两面均可发生。发病初期为白色粉斑，扩大后形成白色粉层，后期病叶上卷或扭曲，焦枯；花瓣受害变为红色；果实受害，表面产生白粉状物，膨大停止，着色不良，有时白粉层很薄，不明显。病斑全年均可发生，白粉状物是病菌的菌丝体和分生孢子。高温干旱与高温高湿交替出现的环境条件是白粉病流行的主要因素。

防治方法：①搞好果园清理。在生长季节及时摘除老病叶；越冬前彻底清扫病叶、病果等病残体，集中烧毁残枝败叶或深埋，以减少越冬病原菌。②合理密植。栽植密度不可过大，以免影响通风透光。另外，要避免过多施用氮肥，以防止植株徒长。③药剂防治。从发病初期开始喷药，每隔 7~10 天喷 1 次，一般连喷 2~4 次即可。常用的有效药剂有：50% 多菌灵可湿性粉剂 1000 倍液，40% 百可得可湿性粉剂 1500~2000 倍液，15% 三唑铜可湿性粉剂 1200~1500 倍液，多氧霉素可湿性粉剂 1000 倍液，12.5% 烯唑醇可湿性粉剂 2000~2500 倍液，20% 粉锈宁乳油 3000~4000 倍液。注意

在开花后避免用药，以免产生畸形果。

81. 如何防治草莓叶斑病？

草莓叶斑病又称草莓白斑病、蛇眼病，属真菌病害。其主要为害叶片，多在老叶上发病造成病斑，也浸染叶柄、果柄、花萼和匍匐茎。病叶上开始产生紫红色小斑，随后扩大成 3~5 毫米大小的圆形病斑，边缘紫红色，中心部灰白色，好似蛇眼。病斑过多会引起叶片褐枯，叶斑病大量发生时会影响叶片的光合作用，植株抗寒性和抗病性降低。此病全年都可发生，但以高温、高湿季节发病重。

防治方法：①摘除病叶。及时摘除老叶、枯叶、病叶，集中烧掉。②控制水肥。氮肥施用量要少。露地草莓注意雨季排水，防止土壤湿度过大。③中耕除草。在发病重的地块应采取全园割叶，然后中耕除草，施肥灌水，促使早发新叶。④药剂防治。在田间发病初期喷洒等量式 200 倍，波尔多液（石灰和硫酸铜之比 1∶1 加 200 倍水），或 30% 碱式硫酸铜悬浮剂 400 倍液，或 75% 百菌清可湿性粉剂 500 倍液，或多菌灵 1000 倍液，每隔 10 天喷洒 1 次，共喷洒 2~3 次。注意在采收前 10 天要停止喷药。

82. 怎样防治草莓枯萎病？

草莓枯萎病又称萎缩病，属真菌病害，是对草莓危害性很大的土壤病害。在草莓开花结果期为发病盛期。发病初期，叶柄出现黑褐色的条形斑，叶柄变短，叶卷曲或呈波状，全株矮化，长势衰弱，叶片无光泽，生长缓慢，3 片复叶中有 1~2 片变黄、变小，或外围叶自叶缘开始变为黄褐色。病情进一步发展，叶片下垂，变为淡褐色，最后呈枯萎状凋萎，造成产量严重下降。有时植株出现一侧发病，呈现出半边凋萎的症状。与此同时，根部的细根腐败变黑。在土壤排水不良，通透性较差，氮肥过多，或有线虫危害的地块均会促使病害发生。该病原菌在空气湿度大有利于发育，在空气干燥的条件下，也能保持一定的生活力。

防治方法：①栽无毒苗。栽植无病毒的秧苗，不在患病田间引种草莓苗。②实行轮作。草莓地块应实行 3 年以上的轮作，这样有利于防止枯萎病及其他地下病害的发生。③土壤消毒。进行田间土壤消毒，或结合深翻土壤利用太阳消毒。④清除园地。彻底拔除病株，冬季清理果园，将病株、枯枝、落叶全部烧毁。⑤药剂消毒。栽种草莓的苗床用氯化苦或溴甲烷进行土壤消毒，或利用覆盖透明塑料薄膜，使土壤升温达到消毒的目的。

四、猕猴桃

83. 猕猴桃怎样进行绿枝扦插？

一般在 6 月上旬，选择生长良好的新梢，以中部组织充实的部分最好，插条剪留 3 个芽。基部剪口紧挨节下剪断，因为节上膨大部分贮藏养分比较多，附近容易生根。上端剪口距芽约 3 厘米，以免剪口抽干影响第一个芽的萌发。基部剪口必须用利刀削平，有利愈合生根。

绿枝扦插要带叶片容易生根，一般每根插条大叶留 1 片，小叶留 2 片，其余的叶片从基部剪去。扦插前用萘乙酸钠 200~500 毫克／千克液浸泡 3~4 小时，或用 500 毫克／千克的吲哚乙酸、200 毫克／千克的吲哚丁酸浸泡 4 小时，以提高成活率。插床要进行深翻施肥，床面铺河沙 20~25 厘米，并用五氯硝基苯进行土壤消毒，每平方米用药 30 克，施药后盖严。经 3~4 天后打开床面充分灌水，然后按株距 8~10 厘米，行距 15~20 厘米扦插，也可先扦插，然后浇水，注意使沙土充分湿透，并使插条与沙土密接。扦插以后搭高 2 米的阴棚遮阴，并加强管理，这样 1 个月左右即可生根。

84. 猕猴桃怎样进行根插？

根插猕猴桃简单易行，操作方便。方法是：在早春挖取直径粗 1~2 厘米的猕猴桃侧根（不要挖主根，以免影响母株结果），剪成长 10~15 厘米的根段，使根段两端剪成平茬，平埋在施足肥料的苗床里，株行距按 10 厘米 × 15 厘米或 10 厘米 × 20 厘米，插后覆土厚 5~10 厘米，轻轻压实，使根段与土壤密接，然后浇水保持苗床湿润，即能成苗。

85. 怎样采集和保存猕猴桃接穗？

根据预先确定的繁育品种，选择已连续结果 2 年以上，生长健壮，无病虫害的猕猴桃母株，从上部采集生长良好、充分成熟、腋芽饱满的一年生枝，或当年生已半木质化的发育枝作接穗。

春季嫁接用的接穗可结合冬季修剪采集。接穗应按照品种、株系、雌株或雄株的不同，分别打成小捆，加上标签，贮存在湿润的沙土里，特别要注意做好保湿、保鲜和防止霉烂工作。夏季嫁接用的接穗最好随采随接。采下的接穗立即剪去叶片，留下长 0.5~1 厘米的叶柄，保持湿润不失水，并捆成小捆，加上标签。若一次采集的接穗过多，当天用不完的，可把接穗放在阴凉的地窖里或湿润沙土里暂时保存。从外地采集的接穗，需要贮运，采用潮湿的地衣或湿润锯末填充空隙，并包装在保湿的容器或塑料袋里。运输工具要放在阴凉通风处，以防升温变质。

86. 怎样建设猕猴桃园排灌系统？

猕猴桃园的排灌系统，要根据果园的形状和水源条件进行设计。排灌系统尽量与道路、防护林网相结合，可节约用地和方便交通。因猕猴桃的根系既不耐旱，又不耐涝，对水分要求比较严格，因此，在建立猕猴桃园的同时应建设好排灌系统。主干道边的排灌沟为果园的总排灌沟；干道边的排灌沟为各小区的排灌沟；作业边的排灌沟为小区内的排灌沟。总之，要达到旱能灌，涝能排的目的。低山丘陵地的猕猴桃园，排灌沟应设在梯田内壁，以排水为主的垂直排灌沟要选择在自然低洼处，坡度大时还要建立跌水设施，以免造成水土流失。最好在排灌沟的上坡，设有拦水沟与蓄水池，雨季拦水不让外溢，并可顺坡进行灌溉。平地猕猴桃园排灌沟可采用明沟或暗沟，暗沟可节约用地。

87. 怎样挖猕猴桃定植坑？

猕猴桃的定植坑按长、宽、深各为 0.8~1.0 米的规格，但在要立支柱的位置留出长 50 厘米的地方不开挖，用于立支柱，在一行里就挖成了一个个长坑。挖坑时，把表土和底层生土分别堆在坑的两边，挖好后施入底肥。底肥以厩肥、枯饼、秸秆等有机肥为主，同时加入磷肥。一般每坑施入腐熟的有机肥 20 千克，过磷酸钙 1 千克。先填入表土，然后填入生土，将挖出的土全部回填到坑里，需要有一段时间沉实熟化，最好在前一年的秋季挖好坑，经过一冬土壤熟化沉实，而后再栽植。

88. 怎样配置猕猴桃授粉品种？

猕猴桃为雌雄异株，栽植时必须考虑到授粉树。若没有配置适宜的雄株授粉品种就不能结果。因此，新建猕猴桃园时，除了选择适应当地的优良雌株品种以外，还必须同时配置与其相配的雄性授粉品种。选择授粉品种的原则是：雄性品种的花期范围与雌性品种相同，且花量大，花粉多，花粉萌芽率高，两者亲和性好，授粉后能受精结实。雌株与雄株的比例应为 8∶1 或 7∶1 或 6∶1 或 5∶1。雌雄株栽植距离一般不要超过 8~9 米，距离过远的授粉不好。

89. 怎样栽植猕猴桃?

栽植猕猴桃时,先按预定的株行距做好雌、雄株的定点,以免造成整个果园雄株分布不均匀,影响雌株授粉结果。栽苗时可分为两人一组,一人先在挖好的栽植坑内挖个直径略大于苗木根系的小坑,其深度以放入苗木,使根茎部位与地面相平,并以不窝根为宜;另一人把苗放在坑中央,使根系舒展开,并扶正苗木再填土。当填到盖住根系后,将苗木轻轻往上提一提,使根系和土壤密接。然后边填土,边轻轻踩实,与地面相平。最后在树干四周培一个树盘,浇透水,再覆盖1层疏松的细土即可,最好盖1层塑料地膜保墒。

90. 猕猴桃如何进行夏季修剪?

猕猴桃夏季修剪也称为生长期修剪。其主要作用在于调节树体养分的分配,改善树冠内部的光照、通风条件,有利整个树体生长和结果。

夏剪猕猴桃主要剪除基部的徒长枝、疏除过密枝和摘心。对于徒长枝,选择可以利用的进行改造,使之成为第二年的结果母枝;对于无用的徒长枝要剪除。摘心在开花前1周左右进行。篱架式猕猴桃,一般对所有枝蔓均可保留10~15片叶以后摘心。小"T"字形棚架式猕猴桃只对超过棚面的枝蔓摘心,一般保留20~25片叶。摘心20~30天后再进行第二次摘心,原来未摘心的枝蔓也要再进行摘心。一般摘过心的枝蔓,剪口下能萌发2~3个副梢,可保留一个副梢在4~5片叶处摘心,以后根据枝蔓的生长势强弱进行第三次摘心,方法同第二次摘心。对于过长、过密的枝蔓,尤其是树冠内膛短束状枝、细弱枝、纤细枝和病虫害枝,以及不必要的发育枝全部疏去,以便通风透光,促进果实成熟,提高果实品质。

91. 如何进行猕猴桃更新修剪?

一般管理较好的猕猴桃单株的结果寿命可保持25~35年,管理较差的却只有几年便开始衰老,产量下降。如果枝蔓及时更新复壮,对树体肥水、病虫害管理较好,还可延长结果5~8年。因此,当猕猴桃生长和树势开始进入变弱、结果下降时,需要及早进行更新以维持树势。对于局部更新即利用枝蔓的自然更新能力,培养新的强壮枝蔓来代替部分衰老和结果下降的枝蔓。这种更新修剪的更新量比较小,对产量的影响不大,这是猕猴桃主要的更新方法。如果采用全株更新,即当全株树失去生产能力时,从老蔓基部一次锯除或剪掉,利用从基部萌发的枝蔓重新培养新株。这种修剪更新要提前2~3年就开始对趋向衰弱的单株刺激树体基部,促发徒长枝蔓,尽早培养更新主干和主蔓。衰老树进行更新以后,要加强肥水管理,促使

植株尽快复壮,才能达到重新延长结果时间的目的。

92. 如何判断猕猴桃成熟度?

判断猕猴桃的成熟度有三种方法:一是测定果实中的可溶性固形物含量,固形物含量一般为7%~10%,可认为果实已经成熟;二是计算猕猴桃果实从开花到成熟所需要的天数,一般为160天左右,但软毛猕猴桃较硬猕猴桃成熟早。三是以果实硬度来确定成熟度,一般硬度在临近8.2千克/平方厘米时采收较为适宜。

93. 幼龄猕猴桃园为何要进行间作?

猕猴桃在定植后的1~3年期间,因幼树冠幅小、空地多,为增加果园的前期收益,进行以短补长,可以适当间作。前期猕猴桃园合理间作,既可充分利用土地和光照,又能对土壤起到覆盖作用,在夏季高温季节可降低田间地表温度,还能抑制杂草生长,减少地表水土流失和水分蒸发,并且增加土壤有机质来源,改善土壤理化性状和生态条件,有利于猕猴桃的生长发育。

适宜的间作作物应是植株矮小,生长期短,根系较浅,病虫害少的矮秆、生有根瘤菌的豆类,如野豌豆等,以及三叶草、毛叶苕子等,就地压绿肥,增加土壤肥力。也可种些叶根类蔬菜和一些蘑菇类与草莓等,增加经济收入。

94. 采收猕猴桃有何注意事项?

1. 用于贮藏的猕猴桃果实,采收前10天不能灌水,雨后3~5天不能采收。

2. 采用粗铁丝加工直径70~80厘米圆形带木把的布兜,采收猕猴桃时,从树上剪掉落下来,用布兜接住,随后将布兜一倾斜滚入果筐里。

3. 由于猕猴桃果实对乙烯极为敏感,稍有碰伤就可导致果实软化,所以采收时要轻拿轻放,严禁磕碰等致机械损伤。

4. 有条件的果园,在收获时采摘人员应修剪指甲或戴上线手套,以免指甲刺伤果实。

5. 果实采收后应及时剔除病虫果、机械损伤果及残次果,然后把果实放在塑料箱或木制周转箱,放在树荫处或其他阴凉处待运。

6. 使用过膨大剂处理的果实耐贮藏性较差,不能作为中、长期贮藏。

95. 怎样防治猕猴桃黑斑病?

猕猴桃黑斑病主要为害叶片和果实。叶片受害,在叶片中部及边缘形成近圆形、椭圆形或半圆形的病斑,直径0.5~3厘米。有时病斑相互连片。叶片正面病斑初为红褐色,后变为黑褐色,具同心轮纹。叶背面病斑颜色较淡,呈淡黄褐色,上生灰黑色霉状物。果实受害,初期产生不规则形褐色斑块,以后病斑逐渐扩大,呈黑色腐烂,并失水凹陷。猕猴桃黑斑病是一种真菌性病害。病菌主要在病落叶及病落果上越冬。第二年在潮湿条件下,通过风雨及气流传播。黑斑病在田间潜伏期短,再浸染次数多,条件适宜时极容易造成流行。多雨潮湿的环境是导致病害严重发生的主要条件,树势衰弱可以加重病害。

防治方法:①加强栽培管理。增施有机肥,适当增施磷、钾肥,避免偏施氮肥,培养树势,提高树体抗病能力。合理密植,合理修剪,使果园通风透光良好,降低小气候湿度。雨季注意适时排水,创造不利于病害发生的环境条件。②搞好果园卫生。落叶后到发芽前,彻底清除地面及残存在树上的病叶、病果等病残体,集中烧毁或深埋,减少越冬菌源。③药剂防治。从发病开始喷药,10天左右喷1次,连喷2~4次,即可有效防治黑斑病的危害。常用的有效药剂有:80%代森锰锌可湿性粉剂800~1000倍液,或1.5%多抗霉素可湿性粉剂300~400倍液,或50%异菌脲可湿性粉剂1000~1500倍液,或70%代森锰锌可湿性粉剂1200~1500倍液。

96. 怎样防治猕猴桃溃疡病?

猕猴桃溃疡病主要为害主干、枝条、叶片和花蕾。主干和枝条受害后,初期皮层隆起,组织变软,成水渍状。以后病斑扩大,皮层和木质部分离。后期皮层开裂,流出清白色的黏液,这种黏液潮湿时与植株伤流混合后,呈黄褐色或锈红色。病菌能浸染到木质部,造成局部溃疡腐烂,导致树体死亡。花蕾受害后不能开张,变褐枯萎死亡。受害轻的花蕾能开放,而结的果实较小,容易脱落或成为畸形。该病病菌寄主植株必须先有伤口,故有效防治途径还必须从避免造成寄主植株的伤口入手。在1年中有2个发病时期:第一个发病时期在春季萌芽前期到花谢后,随温度上升发展减缓,花谢期病害停止发展;第二个发病时期在秋季果实成熟前后发病,秋季一般主干、枝蔓上很少发病,主要为害秋梢叶片。

防治方法:①加强果园管理。加强肥水管理,提高综合抗病能力。适时修剪和绑束枝蔓,剪除病枝蔓叶及落叶残体,集中烧毁,减少病源。②增施硼肥。南方降雨量较多的产区,增施硼肥,降低藤肿病发病率从而减少树皮开裂所形成的伤口;萌芽前一个月每亩撒施硼砂0.5~1千克,供萌芽期的树体需要，花期前后，结合提高坐果率，促进授粉、受精，提高果实品质，并利用新叶初展吸收力强，能就近供应果实的有利时机，喷1~2次0.3%的硼酸液。以后在5~6月再增施1次。③药剂防治。萌芽前采用3~5波美度石硫合剂或0.7∶1∶100倍波尔多液喷洒整株，也可用浓度为100毫克/千克链霉素液喷雾。在2个发病时期，采用70%的代森锰锌可湿性粉剂600~800倍液，或20%叶枯唑可湿性粉剂600~800倍液，进行防治，每隔7~10天喷洒1次，连喷4~5次。枝蔓上流菌脓时，采用50%琥珀酸铜可湿性粉剂20倍液，或代森铵30倍液，或链霉素3000毫克/升浓度液涂抹病斑。

97. 怎样防治猕猴桃日灼病？

猕猴桃在35℃以上高温干旱情况下，地下根系吸收的水分不能及时供应地上部分蒸腾，就要导致果面高温达到40~45℃，这时果面细胞因失水和高温造成长久受伤，甚至枯死，即为日灼病。高温伤害出现在近成熟的果实上，受害果实就会影响表皮以下的果肉，随之出现果实面下陷状态，并向纵深软熟，甚至腐烂。

防治方法：①浇水。果园及时浇水保湿，降低温度。②覆盖。地面根部采用秸秆、杂草进行覆盖保墒，避免表层浅根干旱，可为叶片和果实提供较多的水分。③遮阴套袋。入夏以前果实采取遮阴或套上白色的套袋，效果很好。④深翻改土。果园应尽量作好深翻改土工作，尤其是地下通气排灌设施能有效地促进根系深扎，更能显著减少日灼病害发生。

98. 怎样防治猕猴桃金龟子？

金龟子类属常见的食叶害虫，成虫、幼虫都以植株为食，进行危害。成虫称金龟子，一般危害植株的嫩叶和花，危害的症状为不规则缺刻和孔洞。幼虫称蛴螬。金龟子在地上部危害一般情况下多不迁飞，在夜间取食，白天就地入土隐藏。金龟子一般1年发生1代，少数地区为2年发生1代。

防治方法：①利用金龟子成虫的假死性，在集中为害期，于傍晚和清晨晃动枝蔓落地后拣拾。②傍晚在果园堆积嫩树枝叶、鲜草，清早翻开草堆，杀死成虫。注意草堆下表层暄土里潜伏的金龟子要扒土方能看到。③利用金龟子成虫的趋光性，在为害期，于晚上在果园用蓝光灯诱杀。约每5亩地设1盏灯，灯下放个水盆，盛水并滴入少量机油，使扑灯的金龟子掉入水盆里，由于沾上机油不能飞出淹死。④利用金龟子成虫的趋化性，在集中为害期，晚上在果园放置盛糖醋药饵罐头瓶或盆诱杀。糖醋比例为（3~5）∶1，大约每亩果园里放置10瓶（盆），瓶（盆）里放入杀虫剂药液的浓度比喷施用药液的浓度稍大些。早晨收瓶（盆）防止人、畜中毒。⑤在蛴螬或金龟子进入深土层以前，或越冬后上升到表土层时，进行中耕果园，同时放鸡食虫。⑥成虫为害时,喷洒溴氰菊酯或速灭杀丁5000~8000倍液进行毒杀，或1%~2%石灰乳过滤清液，避免危害。⑦冬季翻耕园地，消灭越冬幼虫。⑧果园用有机肥，特别是农家肥，一定要经过沤制，使其充分熟化，消灭粪里的害虫。

五、雪莲果

99. 种植雪莲果要何生长条件?

雪莲果原产于南美洲海拔 1000 米以上的安第斯高山上,是印第安人的传统根茎食品。雪莲果需在热带无霜冻的地方生长。雪莲果为向日葵属,其貌似红薯,叶与枝秆像苎麻,可生长到 2~3 米,接近成熟时枝顶开五朵小太阳花。雪莲果营养丰富,富含多种维生素,果肉晶莹剔透,脆,甜爽可口,解渴;可烹、炒、配菜,做汤可谓佳品,还可加工成果汁、果冻、果糕或提纯果寡糖,它属于纯天然高营养、低热量的食品。雪莲果全身都是宝,枝秆、叶片和果皮可以加工成减肥、降血压茶。雪莲果有较高的营养价值及药理作用,越来越被人们重视。雪莲果惧霜、畏寒,最适宜生长环境温度为 18~24℃;需土质疏松、通气良好的红砂土、红土及沙壤土。

100. 雪莲果有何生物结构?

雪莲果由枝叶、种球、雪莲果和根系组成,茎秆的末端盘绕着像姜饼一样的种球,种球下就是雪莲果及其根系。雪莲果最长的根系不超过 35 厘米,其中 1/4 的根系从中上部向两端成长膨大成雪莲果,3/4 的根系吸收养分供给叶枝成长,叶枝利用热、气、阳光、雨露、雾等外界有益物和光合作用得到养分反哺雪莲果及种球而进行成长。这一特殊的生物结构与其他作物的生物因子有着根本的不同,雪莲果的生物因子如果遇到农药、化学肥料及污染的水质或光合作用差、土壤水分过量过干及土质不适宜,均会影响雪莲果正常的新陈代谢活动或阻止有效成分的形成。

101. 种植雪莲果如何整地?

雪莲果是根茎作物,要求土层深厚,土质疏松和通气良好的红砂土、红土及砂松土。种前必须深耕细作,为雪莲果创造良好的土壤环境,深耕在 35 厘米左右,若翻耕过浅对雪莲果成长不利而形成的果成球形,容易造成减产。另外,土质板结或土粒大对雪莲果成长也非常不利,且长出的果也弯曲凸凹不光滑。

102. 种植雪莲果如何进行挖塘开行？

塘一定要深挖和宽大，深度 35 厘米左右，塘底宽 30 厘米左右，以利雪莲果广泛吸收养分，一般行距为 100 厘米、株距为 80 厘米。雪莲果枝叶的光合作用比任何作物都强，因此株行一定要整齐，力求行对行，株对株，保证四面透风透光，否则产量及品质都会下降。

103. 种植雪莲果如何进行挖塘后消毒？

对雪莲果的病虫害防治，雪莲果的天敌是白蚂蚁和土蚕。挖塘后，每塘用熟石灰粉或木炭灰 0.06~0.08 千克与自然环保型的烧碱拌匀撒在田中杀虫（不能拌入肥料，造成酸碱中合，减少肥效）。叶枝长出后常有青叶虫伤害，必须随时检查人工捕捉。

104. 种植雪莲果如何选用肥料？

用于种植雪莲果的肥料必须选用完全腐熟后的家畜肥，最好是腐熟后的牛、马、猪粪，因这些肥料比较温和。种植雪莲果不能单独或大量使用羊、鸡、鹅、鸭粪这些热性大的做肥料。

105. 种植雪莲果如何施基肥？

对雪莲果施肥宜采用深层施肥与分层施肥相结合，粗肥深施与细肥浅施相结合。由于雪莲果和根系都分布在 30 厘米左右深的土层内，所以基肥要施在 30 厘米深的土层才有利吸收，加之雪莲果生长期长，根系不发达，生长前期气温低，雨水较少，肥料分解慢，所以施用基肥时粗肥放入底部，细肥放在上部，这样对雪莲果生长初期吸收养分才有益。若在有腐殖土的地区，可拌和部分腐殖土在肥料中更佳。按每亩种植雪莲果 800 株左右计，每塘施基肥 2.5~3 千克，每亩施肥 2000~2500 千克，然后，开沟深 10~15 厘米，用土覆盖基肥 3~5 厘米厚，以便栽种。栽种时基肥离种球一定距离，避免伤害种球发芽。

106. 如何播种雪莲果？

栽种时将储存好的种球用刀切开，每塘留生长点（芽口）3~4 个，用熟石灰粉拌匀外表消毒后，用线拉直，整齐地按入塘中。栽种球时不能栽种过深，不能挨近基肥，但也不能栽种过浅而让种球露在外面。栽种后即时浇透水，一直保持塘内土壤湿润，这样种球才能开始发芽成长。在水源困难的山地，可以采取营养袋装种球育苗法，集中浇水，待接近雨水落地再将营养袋破开放入塘中栽种。

107. 种植雪莲果如何施壮苗肥?

在施壮苗肥时,肥料要细,且要早施少施。雪莲果采用种球栽插,种球出苗后成长靠自身积蓄的养分供给成长,尚未长根,自身有限的养分无法保证它的成长,适当施壮苗肥并保持小苗周围土壤湿润,才能有壮苗长出。施肥时应从墒沟里提土覆盖肥料,注意肥料要离小苗适当距离,以免伤害幼苗成长。

108. 如何给雪莲果追肥?

追肥是雪莲果施上层肥,施用多少,根据土层肥力和枝秆健壮程度而定,一般整个施肥量为产 1000 千克雪莲果施肥 1000 千克计算追肥用量。一般在雨季来临前进行,水源具备的地方越早越好,使肥料充分溶解吸收,对作物大有好处,施肥时将肥料铺在枝秆四周,提沟培土在墒上,土越培得高越好,沟深不低于 40 厘米,以利排涝,沟越窄越好。雪莲果怕涝,忌干,受涝引起根系和雪莲果腐烂,过干会阻止雪莲果的正常生长。

109. 如何进行雪莲果田间管理?

要保证雪莲果品质、丰产丰收,在栽培管理中,除了精心施肥注意防旱排涝外,还要做好田间管理。在出苗后,每株雪莲果枝秆只保留 2~3 根壮苗,其余发出的枝杈要及时剪除(不能用手采),烤干后出售。管理工作中要认真,且要注意保护已留的主枝,不能损伤每一根茎秆和叶片。

110. 如何采收雪莲果?

采收雪莲果应在枝秆采割后两个月进行。采收时先深挖松两面墒沟,慢慢拔取雪莲果往上翻,再用尖刀从种球底切除,切除面直径不得大于 2 厘米。整个采收过程千万不要破伤雪莲果,否则增产不增收。

111. 如何防治小地老虎为害雪莲果?

小地老虎主要以 1 代幼虫危害幼苗,其余各代由于气温渐高,田间湿度低,发生很轻,基本不形成危害。幼虫咬断幼茎造成倒苗和啃食叶片形成缺刻和孔洞,有时还会咬断生长点。该虫在杂草锄后未及时拣尽,枯黄杂草和杂枝须根多的田中,往往发生严重。

防治方法:种植前拣尽田间杂草枯枝,以减少成虫产卵量。1 代幼虫发生期间正值雪莲果出芽和幼苗生长阶段,如每亩幼虫在 300 条以上的,就需进行防治,否则会造成缺苗。3 龄前用菊酯类低毒农药喷洒幼苗,尤其要喷透下部叶片,或用 2.5% 溴氰菊酯可湿性粉剂 1000 倍液及 50% 敌敌畏乳油 1000 倍液与细沙拌和成药沙撒于幼苗基部。3 龄以上幼虫，已入土做穴，地面施药很难达到防治效果，主要采用人工捕捉幼虫。清晨根据留在土表的断残茎叶，拨开表土 3~5 厘米，挑出幼虫弄死；也可晚上持手电筒逐厢捕捉。由于雪莲果种球的萌芽力强，有时还要除去芽数过多的幼苗，所以如果幼虫在 300 条 / 亩以下，可视情况不予防治。另外，可将糖醋液（配方为：红糖 6 份、醋 3 份、白酒 1 份、水 10 份、90% 晶体敌百虫 0.5 份）置于田中或果园林木旁诱杀成虫。

112. 如何防治金龟子为害雪莲果?

为害雪莲果的金龟子，已发现的种类有铜绿丽金龟、东北大黑鳃金龟、桐黑丽金龟、铅灰齿爪鳃金龟、大云鳃金龟、小青花金龟、华北大黑鳃金龟、黑绒鳃金龟等 10 余种。其成虫啃食叶片和嫩芽，造成叶片多孔缺刻和芽枯。金龟子以傍晚 7~9 时取食活动最为频繁。各种金龟子成虫、幼虫发生期和年发生代数不一样，成虫、幼虫均可越冬。金龟子的食性很杂，以靠近山坡和柿、李等果园的田发生多。

防治方法：根据金龟子幼虫和蛹在土中越冬的习性，在播种前将种植田淹水，保持 3~4 天，以减少虫口基数。人工捕捉成虫宜在傍晚时分进行。在种植田旁的果树及其他林木上，敲树震落成虫，树下铺塑料薄膜，收集喂禽。如果成虫发生量大，可用 40% 乐果乳油 1000 倍液与 20% 氰戊菊酯乳油 3000 倍液混合进行叶面喷雾。有条件时，结合防治其他害虫设置黑光灯诱杀成虫。

113. 雪莲果块茎为何会开裂?

雪莲果块茎开裂有纵裂、横裂，有时呈龟纹状开裂，深的裂痕可达 1~2 厘米，裂缝内充满泥沙，影响品质和销售。块茎开裂主要发生在生长后期，有时也会在贮运中发生。开裂较早，能形成愈伤组织，块茎不会腐烂，但影响外观和销售。收获时开裂常会导致块茎腐烂。在雪莲果块茎刚开始迅速膨大期间，如果水分供应前后不匀，块茎生长膨大速度各部位不一，就会引起块茎开裂。此外，中耕整地差、土块大小不一、土质不好、硬土块多、石块多或地下害虫为害等因素也会引起开裂。

六、火龙果

114. 种植火龙果对温度有何要求？

火龙果原产于热带地区，是一种典型的热带和亚热带水果，它不怕高温却很怕低温。一般来说，多数红皮白肉类和红皮红肉类火龙果不仅可以在50~55℃的高温下存活，而且还能开花结果。尤其是在7~9月，光照延长和适宜高温，还会促使它们的花芽形成。但有的品种在38℃以上会出现灼烧现象，如黄皮白肉类火龙果在7~8月气温较高时，花芽的形成便会被抑制。当气温低于4℃，火龙果就会有轻微冻伤。一旦植株上的水珠结冰，嫁接部位以上的肉茎大都会死亡，但也有部分老茎会存活下来。

因此，在北回归线以南和附近地区，最近5年内年最低气温高于5℃的地区均可露天种植火龙果。在最近10年内年最低气温低于5℃的地区，建议少量种植或实行棚栽。据种植户观察，火龙果最适宜的生长气温为20~30℃，此环境最有利于花蕾开放和发育，鲜果的产量也最高。

115. 种植火龙果对水分有何要求？

有些种植户认为火龙果生长不需要多少水分，实际上这种想法是错误的。火龙果虽然是耐旱植物，但是它正常生长却需要较充沛的水分，因为土壤中的水分主要影响植物根系的发育，而根系发育是否健壮则直接影响到植株是否能够快速生长。如果火龙果种植地长期缺乏水分，就会造成火龙果生长停滞，甚至原有的粗壮肉茎会慢慢枯萎。

每年5~11月，正值火龙果开花结果期。此时火龙果植株所需水分较多，特别是果实膨大期所需水分最多，土壤持水量以保持50%~80%为好。但如果土壤中的水分过多，尤其是缺乏氧气，火龙果的根就容易腐烂。因此，火龙果可种植在短期干旱或湿润的土壤中。如果土壤长期积水则不利于其生长。另有一种现象也应引起种植户关注，如将火龙果浸泡于人工充氧的水中，则火龙果的根不但不会腐烂，反而生长良好。因此，当土壤严重积水时，种植户除了及时排涝外，还可采用向积水充氧或采用打孔方法向土壤中的水分充氧，以保护根系不受损伤。为了防患于未然，在种植火龙果初期，最好在每列果树旁边挖一条至少10厘米深的排水沟，让苗木基部形成畦面。

果园是否设置供水系统，应视种植规模而定。如果种植户是单家种植，自己充当劳动力又不考虑人力成本，则可以不必装设供水系统，仅在果园一角建一座蓄水池即可。

116. 如何选择火龙果砧木？

　　中国野生的番鬼莲品种繁多，常见的就有 10 多种，虽然每一种番鬼莲都可以作为火龙果的嫁接砧木，但是不同品种番鬼莲与火龙果的嫁接苗在生长速度和丰产性能方面会略有差异。由于番鬼莲扦插肉茎极易成活，因此种植户可多种植几种番鬼莲作为砧木，当砧木生根并长出第二节肉茎时即可嫁接，通过嫁接苗的生长状况便可推断出哪个品种更适合用作砧木。种植砧木可在大田扦插，也可在大棚内种植。

117. 如何采用平接法嫁接火龙果？

　　平接法是目前采用最多的一种嫁接法，一般用于嫩茎接嫩茎，即所选的砧木和接穗均为刚抽出不久的嫩肉茎。

　　操作方法：准备一把锋利的小刀，也可用手术刀片，选择砧木上刚抽出不久的嫩肉茎（长 7~9 厘米），在离肉茎底部 2~3 厘米处，用刀片快速沿水平线割断，切口表面一定要光滑。然后选择一个刚抽出不久的火龙果嫩肉茎（其粗壮大小与待嫁接的嫩肉茎砧木相近），用刀片沿水平方向快速割下，切口表面必须保证水平、光滑。割下的火龙果肉茎就是要嫁接的芽条（接穗），芽条水平切口上的 3 条茎边必须各着生 1 个芽点，即每 1 根芽条必须有 3 个生长点，每根芽条长 2~3 厘米。如果嫁接用的火龙果嫩肉茎较长，可按上法制作出多根芽条，只要保证每根芽条上有 3 个同一水平面的生长点，芽条长 2~3 厘米即可。然后将芽条的水平切口与砧木的水平切口贴紧，来回搓动几下，只要稍用力就能搓出芽条切口和砧木切口的黏液。待彼此的黏液粘连后，轻轻拉起芽条，使芽条髓心对准砧木的髓心，3 条茎边相对接上，最后用一条透明胶布粘在芽条和砧木茎面，以增加其牢固性。

　　平接法的成活率一般可达到 90% 以上，经过 2~3 天接口就会逐渐愈合。此法不足之处是嫁接部位不够牢固，当受到大风和人为碰撞等外界因素作用时容易折断。

118. 如何采用切接法嫁接火龙果？

　　切接法是果农经常采用的一种嫁接方法，多用于老茎嫁接老茎。
　　操作方法：利用锋利刀刃将砧木嫁接部位沿水平方向快速切断，保证切口表面水平、光滑。然后沿着肉茎髓心靠近 1 条茎边的 1/3 处，从切口表面向下垂直切下 3~4 厘米长，然后收刀。再从砧木水平切口以下 2~3 厘米处，将已切开的那条茎边沿水平方向切断，使最初的垂直刀口一部分仍保留在肉茎中。必须保证被切掉的茎面刀口水平、光滑及髓心刀口光滑，其余两茎边保持原状不变。按相同刀法切好待嫁接的芽条，最后将砧木与芽条的髓心对髓心、茎边对茎边，如同楔子般对插接合，嫁接部位的茎面用透明胶粘牢。茎条对插时，茎面最好互相搓擦几下，让砧木和芽条的黏液彼此粘连。

这种嫁接法的优点是不仅使接穗与砧木相互接触的髓心、茎边面积大，而且肉茎楔插入对方的茎部，非常牢固，即使受到大风和人为碰撞等外力作用时，接合部位也不容易折断，成活率几乎高达 100%。

119. 如何采用肉接法嫁接火龙果？

肉接法嫁接火龙果操作简单，成活率也较高。

操作方法：自制多根空心的镀锌管（或其他硬质管），管口水平光滑，直径为 0.3~0.8 厘米。将待嫁接的火龙果嫩茎从茎底部切下，将切口尽量修剪得光滑，然后选择一根直径大小相近的镀锌管，在砧木肉厚的肉茎面用力压下，然后抽出，即可带出茎肉，使肉茎表面呈现一个与嫁接茎底部相吻合的小圆洞。这时便可将嫁接茎条的底部朝下插入该圆洞中，嫁接即告成功。

120. 如何采用芽接法嫁接火龙果？

芽接法嫁接火龙果操作简单易学，需时最短，但是其接口要经过 10~20 天才会逐渐愈合，因而少用。

操作方法：选择砧木某疏导组织较发达的芽点，用锋利刀片从肉茎边缘线向髓心斜切，进刀角度与茎面边缘线呈 120~125 度，切除砧木上的一个芽点及其周围组织，切出一个等边三角形的小豁口。等边三角形的斜面长 1.5~2 厘米，底边（即被切掉芽点的茎边缘）长 2~2.5 厘米。按此豁口大小，切出一个相似的火龙果嫁接芽点，将嫁接芽点的两条切口面与砧木豁口互相搓擦几下，使其黏液相互粘连后，插入并用透明胶布将其粘牢于砧木茎面。

121. 如何采用扦插法嫁接火龙果？

扦插苗可以完好地保留其父母代的各种性状，即扦插苗的生长速度和生产性能与父母代相差不大。不少扦插苗的生产能力还优于嫁接苗，仅在生长速度和适应性方面略低于嫁接苗，因而这种繁殖方法非常适用于一般种植户低成本扩大种植规模。扦插时，取一条无任何病斑的健壮老熟茎条，从茎条基部切至 1/8~1/4 或者保留 10 厘米。为了提高扦插茎条的成活率，基部切口应为斜切口，切口斜面为 35~45 度，露出肉茎中的茎髓，这样可增加茎条长根的面积。斜切后的茎条放在阴凉处，自然阴干 5~7 天后种植，成活率较高。

扦插时，将削尖的基部插入松软的苗床，扦插深度为 3~4 厘米，土壤持水率宜为 30%。扦插初期不要淋过多的水，如果土壤过于潮湿，茎条基部伤口容易腐烂。另外，采用鲜嫩茎条也可扦插成功，但是它容易遭受害虫或蜗牛侵害。

122. 嫁接火龙果有哪些注意事项？

1. 火龙果嫁接技术不仅可用于苗木生产，同样可用于结果树增收方面，即增加结果树的茎条数和改变果树的形状等。在增加果树产量方面应用嫁接法时，可同时将切接法与芽接法结合使用。

2. 在芽条供应紧张、价格偏高时，为了尽量节约嫁接火龙果的芽点，建议同时采用几种方法。如嫁接一个肉茎时，将肉茎切成几小段后，采用平接法或切接法，茎底上的芽点可用肉接法，个别芽点则采用芽接法。这样一根肉茎上的多个芽点便可全部利用。

3. 对于苗木场（园）而言，嫁接好的苗木可先定植在大田里，当其长出高 15~20 厘米的粗壮新茎时另行出售。为了保证商品苗木的整齐度，可对过长的苗木进行适当修剪。

123. 如何采用水平棚架法定植火龙果？

这种定植方法在火龙果种植推广初期较为常见。种植户一般采用镀锌管（如自来水管）或水泥柱作为火龙果初期生长的附着物和水平棚面的支撑架。架高 1.6~2 米，架顶用竹木或铁丝搭成类似葡萄架的水平棚架。定植时可将嫁接苗绑系在棚架四角的支撑架上，每条支撑架可绑 3~4 株幼苗。这样火龙果茎条就会沿着支撑架向上攀缘生长。当主茎攀到棚面时，为使其呈水平状生长，在主茎长到 1.5 米时剪去顶端生长点，让其在棚面萌生侧茎，使其近似平面生长。棚面以下的主茎萌发侧茎时应及时剪掉。这种方法人工修剪茎条难度大，容易造成棚面火龙果茎条呈现不规则生长，不少茎条还会相互重叠，形成不易挂果的暗生茎条。另外，果实大多结在棚面，采收难度加大，因此此法逐渐被许多种植户摒弃。

124. 如何采用单柱法定植火龙果？

根据种植户选用的附着物材料（水泥柱或者木桩）不同，该法又可称为水泥柱法或木桩法，这是目前采用最为广泛的一种定植法。种植户利用一根矩形水泥柱或木桩作为火龙果初期生长的附着物。植株长到高出柱顶后便自然下垂，当其下垂到接近地面时剪去顶端生长点，促使其茎干萌生新芽，形成新的侧茎。同时，在柱顶部附加一个圆形支撑面，让火龙果萌生的侧茎搭靠在圆形支撑面上，然后向下自然生长。

水泥柱长 1.9~2.3 米，横切面宽 8~9 厘米、长 9~10 厘米，水泥柱一端有 0.3 米埋入土中。柱体垂直向上，距柱顶面 10 厘米处两侧面预留两个互相交错的孔，以供交叉穿插直径 12~15 毫米的钢筋，形成一个十字架面以支撑圆形支撑架。圆形支撑架可利用钢筋做成上下层，下层直径大于上层，两层之间用钢筋相互焊接。更多的种植户直接在十字架上套上一个旧的自行车或三轮车外胎，这样既可增加支撑架与肉茎的接触面，以防肉茎折断，又可防止植株受到暴晒灼伤。此法用料价格低廉。木桩的制作和埋植方法与水泥柱相同。为了降低成本，可选用林场供应的坑木，价格低廉。

水泥立柱垂直固定好后，将 2~4 株幼苗定植在立柱四周侧面。立柱行距 2.3~2.5 米，柱距 2~2.5 米。如果果行柱距过窄，3 年后火龙果茎条增多，相邻立柱上萌生的茎条可能交叉，妨碍种植者在果园中操作。为了让水泥柱经久耐用，制作水泥柱时每根中间加注一条直径 5 毫米的钢筋，可用 15 年以上。木桩埋植前最好用烟火熏烧一段时间，使其表层碳化，或者用沥青涂抹。如果不全部熏烧，至少也应对埋入土中的部分加以熏烧，以防止白蚁蛀蚀和减缓木桩腐烂速度，木桩一般可用 5~8 年。

125. 如何采用篱壁式法定植火龙果？

类似农家篱笆那样，利用 4 条镀锌水管作为支撑柱。为了降低成本，种植户可选用废旧的自来水管或锅炉铁管（可在废铁回收站买到）。2 条支撑镀锌管之间利用铁丝网作为火龙果的生长附着面，另 2 根镀锌管作为后面支撑柱。种植户可利用铁丝自行扭制成网眼对角线为 17 厘米和 9 厘米的铁丝网，也可到出售筛网的商店购买。定植时，将果苗每 2 株为 1 组，绑系在铁丝网上，火龙果便会沿着网面生长，最终茎条会形成"垂直平面"。这样不仅增加了火龙果的结果面积，而且有利于采光，也容易修剪茎条和控制茎条的生长方向。但这种定植法成本高，一般种植户难以承受。

126. 如何采用钢索搭架法定植火龙果？

这是一种新型的定植方法，适用于平地种植和坡度小于10度的缓坡地。它不仅具备单柱定植法的所有优点，而且每行的定植密度还可随意加大，从而提高果园的单位面积产量，定植成本又远低于单柱定植法。因此，这种定植法常被一些大型种植场采用。

该法首先将果园按行平均划分，每行两端分别用3根钢管或水泥柱搭成三脚架，作为固定端。然后从一端三脚架交叉处上端向另一端三脚架交叉处上端分别水平拉直两条相距15厘米的钢索，并固定好。有的种植户将两条钢索改换成一根钢管，从三脚架交叉处搭架。在水平钢索中间另需搭架多个双交叉架，以便支撑钢索上承载的火龙果茎条重量。双交叉架可采用钢管、木桩或竹竿，只是在同一条钢索下木桩和竹竿的数量要适当增加，才能足以支撑茎条重量。另外，种植户可将火龙果幼苗绑系在上述的交叉架上，也可在两个交叉架之间另用一根木桩与钢索垂直相接，这根木桩就是幼苗的附着物。

127. 如何采用梯形法定植火龙果？

该法是利用镀锌水管或钢筋、木桩、竹竿等作为支撑面，类似于水平棚架法，只是高低两个水平棚架相邻而建，火龙果定植在两个棚架中间，让植株矮茎在低棚水平生长，高茎可在高棚水平生长。这种定植法由于具有两个棚面，可以充分发挥火龙果的天然生长优势，增加结果面。但它同样存在水平棚架法的劣势，而且定植成本高于棚架法。

128. 如何采用单株放任法定植火龙果？

这是一种最为简单的定植方法，成本最低，即将幼苗直接种植于地面，不需要搭建任何附着物，让火龙果自由生长。如果在平地或坡度不大的缓坡地采用此种定植法，火龙果长得不太高就会呈匍匐生长状，管理起来较困难，结果量较少；而在坡度较大的山地上，它便会沿着坡面生长。对于石山地区来说，这是一种较好的定植方法，可引导石山地区的农民种果致富。因为石山地区的山地一般坡度较大，有的几乎呈垂直状态，这样的坡面正好适合火龙果攀附。因此，将火龙果幼苗沿着陡峭的坡壁底部，在距坡壁20~30厘米处定植，火龙果便会借助坡壁向上生长，根本不用另行建立支柱。此时，种植户只需在定植的坡壁下方开出一个宽1米的畦面即可，以供日常管理和采果时使用。操作时应注意安全，以防踩滑而从畦面跌落坡下。这种方法同样适合于坡度较大的土山坡，只需在土山坡上开出一层层梯田状畦面即可定植。

129. 如何检查火龙果苗是否成活?

在幼苗定植后,应在1个月内检查1次幼苗的成活率与生长情况。刚定植的幼苗可能在一段时间内无法充分吸收土壤中的养分,仅靠本身肉茎的营养供应生长。此时的肉茎会比刚种下时显得瘦弱,种植户大可不必担心。过一段时间幼苗就会恢复元气,长出肥壮的新肉茎。一般来说,营养正常的幼苗在1个月内会抽出长30厘米以上的肉茎,呈浅绿色,并略带黄色,表面光滑油亮。如果发现定植后的幼苗肉茎不仅变得细软,而且绿色消失,呈淡黄色,说明幼苗可能已经死亡,应及时补苗。

130. 定植一年内火龙果对营养的需求有何规律?

火龙果幼苗定植成活后,为了保证其快速生长,按时开花结果,必须增施有机肥和勤施速效肥。定植时撒施的基肥通常只够幼苗1~2个月的营养需求,又因为火龙果根系浅且发达,吸收能力强,生长快,对追肥的吸收效果好,因此,应在定植1个月后首次追肥。按少量多次、薄肥勤施的原则,每1~2个月追施1次,第二年开春时再追施1次。

定植第一年,主要目标是促使主茎快速增粗长高,多分化新的茎条,以便尽快形成足够大的树冠,而嫩茎抽生期对氮的吸收也较多。实践表明,火龙果与许多果树在需肥方面有着明显区别,即对磷肥、钾肥的需求量大于其他果树。因此,这期间火龙果需求量最大的营养元素虽然是氮肥,也要适当增施磷肥。这一年应以氮肥量最大、磷肥量次之、钾肥量最少的比例安排施肥,切不可只施氮肥,否则火龙果肉茎的厚度会偏大,纤维化形成滞后。

131. 火龙果定植时如何施基肥?

一些能够被土壤微生物逐渐分解的迟效性有机肥(如厩肥、堆肥、绿肥)和无机化学肥料中的磷肥、钾肥和氮肥都可以用作定植时的基肥。据农业科研人员反复试验证明,果树定植时如果单纯施用化学氮肥、磷肥或钾肥,都对定植幼苗的根系发育不利;如果将磷肥与有机肥混合施用,则不会对根系的发育造成不良影响;如果施用未经发酵腐熟的畜禽粪便,同样对果苗不利,但如果施用腐殖质和堆肥,则效果最佳。

广西南宁市郊的果农在大规模定植火龙果苗时,基肥采用少量草木灰、陈旧老树皮、陈旧木屑,用量以将幼苗的根部盖住2厘米厚为宜,同时每株果苗根部撒10多粒复合肥(每亩需复合肥15~20千克)。由于陈旧老树皮和木屑本身就是腐殖物,通透性非常好,定植后的果苗大多长势非常好。当时研究人员曾认真检测过果苗的生长情况，采用这种施肥方法定植的果苗，有的 1 个月内可增高 60 厘米。也有种植户对于新开辟出的果园，每亩施入腐熟的有机肥 2000 千克作为基肥。

132. 一年生火龙果施追肥量是多少?

定植第一年的前段时间是火龙果嫩茎生长的旺盛期，新生肉茎开始贮存营养。此时，如果不能供给充足的营养，特别是氮和钾的供应不足，嫩茎的大部分生长点都会出现枯萎死亡现象。因此，除供应氮肥、磷肥外，充分供给钾肥是非常必要的。定植第一年的最后 2~3 个月是火龙果的生殖生长期，在平衡施用氮肥、磷肥、钾肥时，更应适当加大磷肥的用量。

因此在火龙果定植第一年中前 6 个月以氮肥、磷肥为主要追肥，适当增加钾肥，氮、磷、钾比例可以参照 4:3:3。进入夏末后，增加磷肥和钾肥而减少氮肥，使磷肥用量与氮肥相当；第二年开春时，果树开始为生殖生长积累营养，此时应再次减少氮肥，增加钾肥和适量的镁肥等，此阶段的钾肥可占全年施肥量的 40%~45%，磷肥占全年施肥量的 25%~30%。由于南方省区高温多雨，火龙果幼苗生长快，新芽抽发次数多，肥料分解快，渗透量大，尤其是连续多日大雨之后，更应注意补肥。一年生火龙果的每株参考施肥量：配方一：硫酸铵 620 克，过磷酸钙 785 克、硫酸钾 450 克；配方二：尿素 310 克、过磷酸钙 650 克、氯化钾 380 克。此外，配合施用适量的有机肥。

133. 一年生火龙果施追肥方法有哪些?

由于火龙果属于浅层根系植物，主茎上还分生出许多气根，故其施肥方法与其他果树有所区别。一般有三种施肥方法：一是地面撒施，即将肥料直接撒施在地表根部周围；二是喷施，即将肥料用水稀释成适当浓度的溶液，直接喷施于火龙果的根部和主茎；三是喷灌、滴灌施肥法，即将肥料溶于灌溉用水中，通过埋置于果园内的喷灌、滴灌系统进行施肥。

134. 给火龙果施肥应注意什么?

选择肥料种类时，建议采取有机肥与化学肥配合施用。施肥效果不仅与肥料的种类、数量相关，还与土壤和气候条件等相关。如黏性重的土壤，保肥能力强，一次性可以多施一些；沙性强的土壤保肥能力差，一次性施肥量要少些，施肥次数可多一些；有机质含量高的土壤，氮、磷含量也较高，磷肥的施用量可以适当减少。又如尿素、硝态氮肥在土壤中移动性大，施用后不要立即灌水，以免氮肥流失；过磷酸钙容易被土壤固定，最好与

堆肥等有机肥同施。种植户应勤做施肥记录，根据具体情况适时更改施肥计划。

135. 火龙果施哪些肥好？

一些能被土壤微生物逐渐分解的迟效性有机肥（如厩肥、堆肥、绿肥等）以及无机肥中的磷肥、钾肥和某些氮肥，都可以作为基肥。

火龙果种植户在幼树期、春季和初夏，以施用硝酸态氮肥为好，而盛夏、秋季以施用铵态氮肥为好。

草木灰是极有价值的廉价钾肥，还含有大量的磷和钙，钾与其他阳离子均呈碳酸盐状态。草木灰不仅是钾肥的充沛来源，还能缓和土壤酸度。试验表明，在钾肥中硫酸钾和氯化钾最能稳定地提高浆果产量，而火龙果就是一种浆果。

石灰是很好的钙肥，在非黑钙土地区施用石灰，是提高果园土壤肥力的重要措施。尤其是施有机肥时，结合施用石灰是十分必要的，可使肥效大大提高。如果用的是熟石灰（氢氧化钙），则应与厩肥分开施用，以免氮肥中的大量流失。在果园内施用石灰一般都是在施后的几年内才发挥其最大效果，故应相隔几年才施1次石灰。施用石灰后，易使果树发生缺镁症状，故最好结合施用含镁的钙肥。

136. 如何进行火龙果灌溉和排水？

种植户多在4~5月选购果苗定植，此时正值南方省（区）逐渐进入多雨季节，此时排水防涝重于灌溉，必须避免雨水在畦面大量滞留，否则会引起幼苗烂根死亡。要保持果园排水道畅通。秋末和冬季南方省区会出现干燥天气，畦面容易缺水，此时火龙果幼苗仍处于迅速生长期，必须保持土壤湿润。如连续20多天不下雨，就应灌水，此后每隔15~20天灌水1次。

为了减少土壤水分蒸发，可在植株根部覆盖果园锄掉的杂草，以减缓土壤表层温度的变化。应避免忽干忽湿的灌溉方式，以免造成幼苗生长不良。在南方各省区有的年份在3~4月容易发生干旱少雨现象。此时应每隔3~5天检查1次果园表土的湿润状况，及时给果树补充水分，否则即使肥料充足，肉茎也会变得细小，花芽萌动时间滞后，不利于营养蓄积，严重者会导致当年减产10%~20%。

137. 如何进行火龙果栽植地的土壤管理？

为了增加收益，可在果树畦底种植一些短期矮秆经济作物或牧草，如花生、大豆、黑麦草等。这些作物可改良土壤营养状态，增加土壤有机质，防止土壤被雨水冲刷，抑制杂草生长，减少土壤水分蒸发。这些作物刈割后可作绿肥。果园内不宜间种多年生作物或高秆作物、蔓藤类作物。

火龙果的根大多数分布在地表或浅土层，在除草松土时操作要仔细，避免损伤根系。勿使用除草剂喷杀杂草，以免产生药害伤及火龙果的根。

大雨后，平地果园要及时清除淤泥，修整畦面和畦底。有条件的果园每半年应检测1次果园土壤肥力变化情况，也可选取一些土壤样本送到当地农业土肥站检测，以便及时掌握果园土壤肥力变化情况，做到有针对性地施肥。

138. 如何进行火龙果整茎和上架？

当幼苗主茎长到1.6米高时，因其没有垂直向上的支柱攀附便开始自然下垂，待下垂到离地面40厘米时，应将顶端生长点打掉，促其萌发侧茎。同时在每个立柱顶端加放一个直径30~40厘米的双环圆形支撑架，以支撑主茎向四周萌发的侧茎。许多种植户为了节约成本和省时，多采用废旧轮胎作为支撑架，此法不妥。因为废旧轮胎容易积水而滋生蚊子，而且废旧轮胎还含有不安全的化学物质，不利于生产无污染的绿色水果。在生产实践中改用中细钢筋弯成的圆圈代替轮胎作为支撑架，效果不错。

当主茎顶端生长点被打掉后，从主茎的不同位置会萌生较多的侧芽，此时应合理疏芽。可以将支撑架以下的侧芽全部打掉，只保留两种侧芽，一种是略低于支撑架2~3厘米向上斜长的侧芽，另一种是与支撑架保持水平或略高1~2厘米的侧芽。保留的侧芽最好呈交叉状或者对生状，以不超过4个侧芽为宜。当茎条长到1.3~1.4米高时应摘心，以促进分茎，让茎条自然下垂，积累养分，提早开花结果。

139. 火龙果生长有何特点？

火龙果生长速度快，一般定植8~12个月后即可开花，并进入结果期，3年后进入成年结果期。火龙果与其他亚热带果树不同（绝大多数果树1年只开1次花、结1次果），它每年从5月首次开花，至11月底最后一批果采收，全年生殖期长达7个月。这期间植株处于不断地开花结果状态，累计开花12~16批，从开花到果熟约需40天。因此，强化用肥管理与采果后的更新修剪，是保证火龙果产量稳定的重要前提。

140. 二年生以上火龙果施肥管理有何要求？

对于二年生以上的火龙果施肥管理，应以提高产量和恢复树势，并延长结果盛产年限为主要目标。虽然许多资料都表明火龙果可连续挂果15

49

年以上，但是若施肥管理不当，植株也容易出现早衰。另外，随着树龄增加，施肥量也要逐年上升，最终达到一个相对稳定期。每一年都要根据火龙果的各个物候期，将施肥期分为两个阶段：第一阶段是 12 月至翌年 4 月，为果树恢复与生长期；第二阶段是 5~11 月，为果树连续生殖期。各阶段在施肥量和肥料种类上有所不同，特别是氮肥、磷肥、钾肥的比例不同。

141. 果树恢复期与生长期如何施肥？

果树恢复期与生长期即 12 月至翌年 2 月采果后，主要以施用恢复肥为主，目的是恢复树势，促发秋、冬嫩茎伸长长粗，形成足够的结果母茎。此阶段施肥比例可按"中氮、中磷、低钾"的原则，氮肥、磷肥、钾肥三者的参考比例为 2：（1~1.5）：（0.5~1），氮肥用量可占全年氮肥总量的 20%~28%，磷肥用量可占全年磷肥总量的 18%~25%，钾肥用量可占全年钾肥总量的 12%~18%。以有机肥配合速效肥为主，可在根部施入有机肥和少量速效肥（如腐熟的畜禽粪便、花生麸等），茎面追施 0.3% 尿素、0.2%~0.3% 重过磷酸钙和 0.2%~0.3% 硫酸钾等 2~3 次。有的种植户对于二年生的火龙果，在收果后每穴施放腐熟的有机粪肥替代氮肥，作为第二次开花结果的基肥。根外追肥如果使用尿素要注意，缩二脲含量高于 0.25% 的劣质尿素不宜用作茎面喷肥，否则会产生二脲中毒，导致较嫩的肉茎边缘出现黄化现象，影响植株生长。

142. 如何施用花前肥？

每年 3~4 月施用花前肥，主要目的是促进花芽分化，增加花芽量。实践表明，此阶段应施重肥，施肥量可占全年用肥总量的 25%，这比采果后立即施重肥效果好。这两个月应加大施肥量，以磷肥、钾肥为主，配合氮肥。这也是全年最关键的施肥时期之一，施用适量会提早花期，过迟则起不到施肥效果。此阶段施肥比例可按"高磷、中氮、高钾"的原则，氮肥、磷肥、钾肥三者的参考比例为（2~2.5）：4.5：4，氮肥用量可占全年氮肥总量的 35%~40%，磷肥用量可占全年磷肥总量的 20%~25%，钾肥用量可占全年钾肥总量的 35%~40%。为此，可在根部施用有机肥和适量速效肥（如腐熟的畜禽粪便、花生麸等），茎面追施 0.3% 尿素、0.2%~0.3% 磷酸二氢钾和 0.2%~0.3% 硫酸钾等，每隔 15 天喷施 1 次。有的种植户在催花前期多施用过磷酸钙，每 2~3 株果树加施钙镁磷肥，一年生果树加施 300~400 克，二年生果树加施 400~725 克，三年生及三年生以上的果树加施 600~1000 克。

143. 火龙果在幼果期和成熟期如何施肥？

由于火龙果属于连续挂果类型，因此火龙果幼果期和成熟期这两个时期通常互相交叉，较难区分开来，种植户可按果实中幼果和将熟果数量对比进行区分。此阶段的施肥比例可按"高磷、中氮、中钾"的原则，氮肥、磷肥、钾肥三者的参考比例为（2~2.5）:4.5:3.5。

144. 火龙果施肥有何技巧？

（1）中国种植火龙果的时间不长，目前尚无统一的施肥标准，就连一些种植大户也处于摸索试验阶段。为了积累经验，建议种植户在参考本书的施肥内容时，将其相关施肥数量稍做调整，在果园内划出 10 株火龙果施用调整后的施肥数量，其他植株则参照本书要求进行，然后观察它们的生长状况。如此反复多次就能够确定适合自己果园的最佳施肥标准。

（2）给挂果树多喷施几次含锌肥料，可增加果皮的光亮度，提高果实的商品档次。

（3）在混合使用几种叶面肥时，浓度可适当偏低一些，而且种类最好不宜过多，2~3 种混合即可，以防止肥害或浪费。

（4）在果实肥大期，为了保证品质，应当定期追肥，浓度宜低不宜高。

（5）在催花前期追施一些钙镁磷肥，效果良好。如一年生果树每株施肥300~400 克，二年生果树施肥 400~750 克，三年生以上果树施肥 600~1000 克。如果此时果树缺氮，可结合镁肥施用，采用 0.5% 的尿素溶液与 5%~8% 的镁肥喷施。

（6）有的农业科学工作者给火龙果施用硫酸二氢钾和硝酸钾，可以促使其提前开花结果。

145. 如何进行火龙果修茎管理？

在每年的催花前期，为了让火龙果的结果茎条蓄积更多营养，应注意打顶和去梢。即当结果茎条达到一定长度时（如 1.5 米以上），人为地打掉过长的尾部。打顶的操作方法：用手捏住结果茎条的尾部，稍稍用力往回扳，使其在离尾部 3~5 厘米处折断即可。去梢即在花芽萌动前期，打掉结果茎条上所有萌发出来的新芽。另外，在每年休果期间，当温度适宜、营养丰富时，当年的结果茎上会萌发许多秋、冬嫩茎，而这些嫩茎又是来年的第二、第三批挂果的结果茎，第一批挂果的通常是头年的老茎。为了保证部分秋、冬嫩茎快速生长，减少营养浪费，应打掉大部分多余的秋、冬嫩茎。

146. 如何进行火龙果疏花?

只要营养充足，火龙果结果茎条会分化出大量的花芽。火龙果的开花期一般为 2 天，如果此时遇到下雨，有的火龙果会因为雨水冲淋花盘而授粉不良。这种授粉不良的火龙果当花朵凋谢数天后，果实要么生长迟缓，最终形成红色小果，商品价值极低；要么逐渐停止生长，呈黄色，不久成为落果。应及时除去这些授粉不良的火龙果，以免浪费果树的营养成分。对于阴雨天盛开的花朵，应当加大人工授粉的力度，或者全部采用人工授粉。

147. 如何进行火龙果疏果?

有时一条结果茎条上 3~4 个果相邻生长，挤成一团。这时如果不疏果，一来会加大果树对营养成分的需求量；二来这些果会互相争夺营养，以致个头偏小，甜度下降，商品价值低。因此，不疏果的果园单位面积产果量虽多，但经济效益却比不上疏果的果园。

在植株自然坐果后，应对坐果偏多者进行人工疏果。即当 3~4 个果实相邻时，应剪去同一侧中的 2~3 个果，使剩下的果实呈互生状态，最好同一结果茎条上的果实能够相隔 30 厘米以上。另外，为了提高果实品质，建议种植户对同一批花所结的果实，采取每 1~1.7 米长的结果茎条上只留 1 个果实的措施。为了让果实充分吸收营养，快速发育，可剪去结果茎条顶端，同时疏除弱茎条、病虫果、畸形果。

当果实成熟、采收后，如果同一茎条上还有其他未成熟的下一批果实或花苞，应剪除肉茎顶端至最近的结果处这段肉茎，使这一果实变成果茎的顶端部位。当年结果期结束后应及时修整茎条，即最后一批收果后，将结过果的茎条剪除，让其重新长出新茎，以保证来年产量。

每年秋、冬萌发的嫩茎，只要在来年开春时长至 0.8 米以上，就会成为来年第二季或第三季的结果茎条，因此，要注意对秋、冬嫩茎施肥。切不可在当年挂果结束后就不再施肥，这样会造成秋、冬嫩茎在来年开春时只有 30~40 厘米长，使挂果期大大滞后，果园将少产一季或二季果。

148. 如何进行火龙果套袋管理?

套袋管理是多年生火龙果高产栽培技术中的一个环节，必须与其他管理技术配套实施，才能收到预期效果。套袋前 7~10 天，应对果园喷施 1 次防治病虫害的药剂。如果需套袋的植株上果实较多，且出现果实丛生现象，应进行疏果才可套袋。套袋时间，建议种植户在果实发育 25 天，果皮开始转红、变软时套袋。在这之前果皮呈绿色、较硬且有一层蜡质，可阻止病虫害入侵。

目前，用于套袋的果袋有两种，一种是纸袋，一种是无色透明塑料袋，建议种植户使用后者。这种塑料袋用 0.02~0.04 毫米厚的聚乙烯塑料加工而成，使用前将袋的下方边缘切下两个浅刀口作为通气排水口。套袋时打开袋口，使袋中充满空气，且使两个底角通气排水口张开，将整个果实套入袋中，收紧袋口，用细绳扎紧，使果实在袋中呈悬空状。操作时动作要轻巧，勿粗暴地触摸果实，以免损伤果实。果实采收时不必将果袋解下，可将果实连袋摘下，装入果箱，待分级、包装、出售时才解除果袋。

在套袋管理过程中，要注意保持袋子底部的通气排水孔始终张开，否则袋内容易积水而影响果品质量。

149. 如何防治火龙果半知真菌病为害？

半知真菌病是自南方省（区）引种火龙果 3~4 年来最容易发生和流行的一种病害。由于火龙果引入我国的时间不长，栽种面积不多，目前国内尚未见对这种真菌病害进行分离并做出准确的种类判断的报道，从防治角度推断其属于半知真菌属。

此病常暴发于冬、春季节，当气温低于 16℃，火龙果处于越冬状态时最容易发生。发病初期，染病部呈现针头大小的小红点，传播速度非常快，2~3 天后红点就会连成一片或出现成片红点，发病部位开始腐烂，呈现黄色，发出酸臭味。

对于该病应重在预防，尤其是越冬前，一定要用波尔多液进行全株喷施，在气温下降前，也须用波尔多液喷施。3~4 月天气变化无常，此阶段最好用铜制剂或其他杀菌剂喷施植株。在连续阴雨天气里，每隔 7~10 天喷施 1 次。

此病如果发现及时，采用铜制剂治疗效果较好。如用绿乳铜、氧氯化铜、甲基托布津、代森锰锌等，按说明书使用 600~800 倍液喷施病部，1 次用药便可见效，如效果不明显可再次用药。

150. 如何防治火龙果叶斑病？

叶斑病是一种真菌性病害。病菌以菌丝体附着在火龙果肉茎上越冬，翌年春天产生分生孢子成为初次侵染源，通过雨水飞溅、气流传播、昆虫或农具及农事活动等传播到其他肉茎上，分生孢子萌发芽管从肉茎表面直接侵入深层，并在表面形成肉眼可见的病斑。有的患病火龙果茎部有红色圆形或不规则的斑点，有的茎部有黑褐色圆形病斑等。随着病情加重，病斑会扩大，最终导致患病肉茎死亡。

此病原菌最适宜的发育温度为 25~30℃，分生孢子形成的最适宜温度为 15~20℃。天气潮湿、温度适宜是本病发生的主要条件，故在南方省区冬末初春时节此病发生率高。

防治方法：可选用 0.3%~0.5% 波尔多液、65% 代森锰锌可湿性粉剂 500~600 倍液喷施病斑，也可用 50% 多菌灵可湿性粉剂，每亩用量为 75 克，加水 60 升，喷施病茎，用 70% 甲基托布津或甲基硫菌灵可湿粉剂，每亩用量为 75 克，加水 60 升，喷施病茎，效果也不错。

151. 如何防治火龙果霜霉病？

霜霉病是一种真菌病。其发病原理和传播方式与叶斑病类似，病斑可发生在肉茎的任何部位，呈不规则状，无明显边缘，天气潮湿时病斑会长出白色霉层。病菌的分生孢子形成的最适宜温度为 7~15℃，孢子萌发的最适宜温度为 8~10℃，冬季和早春连续湿冷天气最有利于此病发生和蔓延。

防治方法：可选用 75% 百菌清可湿性粉剂 500~800 倍液、70% 甲基托布津可湿性粉剂 1500 倍液、50% 多菌灵可湿性粉剂 1500 倍液、80% 三乙磷酸铝 200~400 倍液、58% 甲霜锰锌 800~1000 倍液、代森锰锌可湿性粉剂 500~600 倍液喷施病斑，也可交替使用。也可用 40% 乙膦铝可湿性粉剂，每亩用量为 240~300 克，加水 60 升，喷施病茎。

152. 如何防治毛虫为害火龙果？

为害火龙果的毛虫是一些蝴蝶或飞蛾的幼虫，一般咬吃火龙果幼苗的嫩茎或成年植株的嫩芽。种植户对待毛虫有两种不同的态度，有的种植户因追求完美的绿色种植法而放任毛虫咬吃，他们认为火龙果萌发的嫩芽很多，多到必须疏芽的程度，而毛虫吃掉的嫩芽最多不超过 5%，不会影响植株正常生长，即使苗木被毛虫啃得很惨，1 年后仍有收获。台湾省有一位种植大户，种有 3 公顷火龙果而从不杀死 1 只毛虫，任其咬吃嫩芽，结果果园长势同样良好。另一些种植户却很担心毛虫为害嫩芽，尤其担心毛虫咬掉茎条或幼苗生长点，故采取药物或生物方法防治毛虫。

防治方法：①防治毛虫有多种杀虫药可供选择，如 50% 敌敌畏和 50% 杀螟松乳油 1000 倍液，或 90% 敌百虫乳剂 1200 倍液，或 50% 辛硫磷乳油 1000~1500 倍液，或 40% 杀虫灵乳剂 500~800 倍液。②在清晨巡视果园，发现毛虫就人工捕捉，捏死或踩死。③为了防止毛虫咬吃幼嫩的火龙果幼苗，在幼苗中间种小白菜，让蝴蝶或飞蛾飞到小白菜上产卵，毛虫就不会离开更加鲜嫩的小白菜而为害火龙果幼苗。④在果园内放养鸟类、螳螂等毛虫的天敌，会起到防治作用。

153. 如何防治果蝇为害火龙果？

火龙果的花苞分泌的蜜汁会吸引果蝇吮吸，但果蝇一般不会叮咬花苞。当火龙果还是青绿色时，果皮较厚又有一层蜡质保护，果蝇一般无法叮咬。只有当果皮由绿色转红色并变软后，果蝇才能够叮咬果皮，产卵在果肉中。

防治方法：①果蝇具有飞翔能力，大多采用诱杀方法，如在宽口盘中放入20%氯杀乳油等。②为了防止果蝇大量进入果园，建议种植户不要在果园内或附近堆埋落果或其他易腐败招引果蝇的物品，以免果蝇前来繁殖。③燃烧具有异味的干草以驱赶果蝇。

154. 如何防治火龙果斜纹夜蛾？

斜纹夜蛾属鳞翅目、夜蛾科昆虫。它是一种食性较杂、为害多种果树、发生率较高的害虫，广泛分布于南方省区。斜纹夜蛾在我国南方省区1年可发生7~9代，终年可繁殖，以夜间20~24时最为活跃。它咬吃火龙果的嫩芽或嫩茎。

防治方法：①人工捕杀。斜纹夜蛾产的卵块比较明显，卵呈半球状，初产时为乳白色，后变为放射状隆起，临近孵化时变为紫黑色。当在果园内发现卵块后应及时摘除消灭。初孵出的幼虫常群集为害，当发现火龙果肉茎上出现麻纱状后，即予捕杀，捕杀时间最好在早晨或傍晚。②灯光诱杀。成虫有较强的趋光性，可在果园内安装黑光灯诱捕。③成虫喜吃香甜食物，可在果园内放一盆糖醋毒液诱杀成虫。毒液用红糖、白酒、食醋各50克，90%敌百虫粉剂30克，加适量水调匀即成。④深翻灭蛹。斜纹夜蛾大多以蛹在土中越冬，可在冬春季节深翻土壤，使大量虫蛹暴露于地表而灭除，或者将其深埋土中难以羽化出土。⑤药物防治。常用农药有90%敌百虫乳剂1000~1500倍液或75%辛硫磷乳油1500~2000倍液，或用20%甲氰菊酯乳油，每亩用量为20毫升，加水60升喷施，或用20%菊·马乳油，每亩用量为30毫升，加水60升喷施。

155. 如何防治螟虫为害火龙果？

螟虫一般指昆虫纲、鳞翅目、螟蛾科的小型蛾类，在南方省区为害果树较为严重的首推桃蛀螟，又名桃实螟、桃囊螟、豹纹蛾。它的第一代幼虫广泛为害桃、梨、香蕉、龙眼、荔枝、芒果、无花果、枇杷、石榴、火龙果等，在5~8月为害最严重，有的受害果实不能发育，变色脱落或果内充满虫粪，食用率大大降低。除了须在果园内加强防治桃蛀螟外，还要重

视它对果园周围农田的玉米、大豆、姜等农作物的为害。应以消灭越冬幼虫为主。

防治方法：①给果实套袋可起到一定的防治效果。②药物防治。果园在套袋前喷洒 1 次 50% 杀螟松乳剂 1000 倍液。不套袋的果园可在其第一代幼虫孵化初期喷洒 50% 杀螟松乳剂或 90% 敌百虫乳剂 1200~1500 倍液，隔 10~15 天后再喷施 1 次。③束草诱杀。果实采收前，在火龙果主干上绑束一圈稻草或其他杂草，过一段时间后把束草拆除集中烧掉，可诱杀寄生在稻草上的幼虫、蛹和成虫。④诱杀成虫。在果园安装黑光灯或使用糖醋毒液等药剂，一次性诱杀部分害虫。同时加强果园管理，及时摘除带有新鲜虫粪的虫果，收集地上落果予以深埋或沤肥。

156. 如何防治甲虫为害火龙果？

这里所指甲虫系为害火龙果的臭椿、金龟子等。臭椿是半翅目昆虫，在中国已知有 400 多种，其成虫和若虫刺吸茎叶和果实的汁液。正在生长的果实被害后，呈凹凸不平的畸形果或果皮上出现凹凸不平的硬斑。金龟子属鞘翅目昆虫，分布范围极广，在我国已知有 1300 多种，成虫和幼虫（又称蛴螬）主要咬食火龙果的嫩茎和果实。

臭椿防治方法：药物防治，重点放在消灭越冬成虫和第一代若虫。早春越冬成虫开始活动但尚未产卵时，喷洒 90% 晶体敌百虫 800~1000 倍液，或 80% 敌敌畏 1000 倍液。如果已发现第一代若虫，可喷施 2.5% 鱼藤精 800 倍液，每隔 7~10 天喷施 1 次，连喷 2~3 次。另外，黑卵蜂、平腹小蜂、广腹螳螂等都是臭椿的天敌，种植户应注意保护这些天敌，发挥生物防治作用。

金龟子防治方法：成虫大量发生时，喷施 25% 甲萘威可湿性 1000 倍液，或 21% 氰戊菊酯乳油 3000~4000 倍液，或 75% 辛硫磷乳油 1500 倍液。有的金龟子嗜食蓖麻叶，饱食后会麻痹中毒甚至死亡，因此可在火龙果果园周围种植一些蓖麻作为诱杀带，有一定效果。另外，在虫口密度较大的果园内，在幼虫尚未化蛹和成虫羽化之前，可在火龙果根部撒施 2.5% 亚胺硫磷粉剂，每株用药 120~200 克。该法可毒杀部分成虫，消灭土中的卵、蛴螬和蛹。金龟子的天敌很多，如益鸟、青蛙、蟾蜍、螳螂等，种植户应注意保护它们。

157. 如何防治软体动物为害火龙果？

蛞蝓和蜗牛都是在潮湿且有杂草的果园内常见的软体动物。蛞蝓的成虫在夏末和秋季繁殖，可存活好几年，为害接近地面的火龙果嫩茎和果实。

防治方法：用蜗牛敌或甲硫威颗粒，如果在收果前 7 天内必须防治则只能使用蜗牛敌。常除草，注意保持果园内清洁，可大大减少这两种动物的为害。

158. 如何防治介壳虫为害火龙果？

为害仙人掌类和多肉植物的介壳虫种类很多，主要有仙人掌蚧、粉蚧、长尾粉蚧、夹竹桃圆蚧（也称常青藤圆蚧）等。以仙人掌蚧最为常见，它繁殖快，1 年可发生数代。它吸取植物汁液，使植株迅速衰弱，严重时植株枯萎、茎节脱落。即使把虫刮除，被害部位仍留下黄白色，影响观赏。

防治方法：介壳虫成虫身上有蜡质介壳，药剂难以渗透虫体，药物防治往往不能取得预期效果，故应重视预防。平日发现有少量介壳虫时可用竹片及时刮除，虫体刮下后便不能再寄生。也可以将虫多的茎条剪去并烧毁。药物防治必须抓住孵化后不久虫体尚未披上蜡质壳时进行，并要反复喷杀才有效果。所用药物通常有 25% 亚胺硫磷乳油 800 倍液、50% 敌敌畏 1000 倍液、50% 杀螟松乳油 1000 倍液，喷雾 1~2 次。在防治介壳虫时，还要注意保护、利用介壳虫的天敌，如七星瓢虫、异色瓢虫、黑缘瓢虫、二星瓢虫和寄生蜂等。东北林业大学的科研人员成功地将介壳虫天敌红点唇瓢虫和寄生小蜂迁至虫害区，以虫治虫。

159. 火龙果只开花不结果怎么办？

火龙果只开花不结果的主要原因是自花不亲和所致。目前，种植界尚无法圆满解释火龙果自花不亲和的内在原因。这种现象在红皮红肉类火龙果中较易发生，尤其是在只种单一品种的红皮红肉类火龙果果园更易发生。但是，其发生频率具有不确定性。白肉类火龙果通常不会发生这种现象。

针对自花不亲和的单株，可通过人工授粉方式来克服，即蘸取另一株火龙果的花粉给自花不亲和的植株授粉。具体做法：左手托着干净碟子，右手拿着一枝干燥的干净毛笔，将碟子置于另一株火龙果花的雄蕊下面，用毛笔轻扫雄蕊，花粉就会落在碟中。然后用毛笔尖蘸取花粉涂布在待授粉的雌蕊上，即完成人工授粉。如果担心果园会出现自花不亲和现象，可随机抽取一株植株，在开花的前一天，将花苞用透气性的纱布套住。不让昆虫传粉。在花开的当天趁没有刮风时，用人工授粉的方法将本株的花粉传授给雌蕊，再将花苞重新套住。经过 7 天，如果子房膨大就表明其自花亲和，如果花朵萎缩而子房没有膨大，则证明其自花不亲和。此时，建议种植户对果园内的火龙果进行交叉人工授粉。

七、番木瓜

160. 种植番木瓜对温度有何要求？

番木瓜是热带果树，喜炎热气候，整个生长发育过程都需要较高的温度，最适于年平均温度22~25℃的地区种植。生长适温为25~32℃，月平均气温16℃以上植株能正常生长、开花、结果，果实品质和产量有保证。在10℃左右生长受抑制，5℃幼嫩器官开始出现冻害，0℃叶片枯萎。当气温在35℃以上时，导致花性严重趋雄，引起大量落花落果，造成间断性结果。温度直接影响植株生长速度、器官大小和寿命、花期、花性、坐果率、果实大小、品质和产量。番木瓜不耐霜冻，在有霜冻的地区种植应做好防冻措施。

温度是花性变异的主要外界因素，当气温逐渐升高时，两性花变异顺序是：雌型两性花——长圆形两性花——雄型两性花。当气温逐渐下降时，又逐渐增加雌性程度，这种花性的变化直接影响坐果与果形。

温度影响果实的生长发育，当果实发育前期处于较高温度时，其糖分含量高，风味好，品质最佳。果实发育的中、后期处于15℃以下时，果肉质硬，味淡，带苦，品质最差。果实发育前期处于低温，中、后期处于25℃以上时，果实较甜，品质较好。

161. 种植番木瓜对水分有何要求？

番木瓜需要充足而均衡的土壤水分，雨量充沛、降雨均匀，但又要避免积水和地下水位过高的环境，适宜年降水量1500~2000毫米的地区。当土壤、大气水分不足时，植株生长缓慢，生长量减少，严重缺水会引起落叶、落花、落果。但土壤积水或地下水位过高，叶片枯黄脱落，生长受抑制，长期积水会引起烂根、落花、落果，最后植株死亡。

162. 种植番木瓜对土壤有何要求？

番木瓜对土壤的适应性较强，在多种类型的土壤中都能生长。以土壤疏松、透气透水性良好、地下水位较低（低于45厘米）、pH值6~6.5最适宜。如果土壤pH值低于5.5，应施石灰改良。黏质土要通过增加有机肥，改良土壤，提高其透水、透气能力。水田果园容易积水或淹水，造成植株死亡。

平地果园地下水位高低会影响根系生长和分布，地下水位高致使根群浅生，易受高温干旱影响而缩短了根系寿命，叶片变小，落花落果，同时抗风能力差，容易倒伏。地下水位过高的地区不宜种植番木瓜。

163. 种植番木瓜选种苗有何标准？

种植番木瓜通常采用种子繁殖，近年也进行组织培养育苗，培育健壮的苗木是获得优质、丰产的技术关键。因此在选苗时有以下标准：

（1）品种选择。目前栽培的品种有穗中红48、优8、美中红、苏罗、台农、红妃、红铃、日升系列等，要根据品种特性及栽培条件，选择最适宜栽种的品种。

（2）群体主要性状一致。对番木瓜品种的鉴评，是以群体的主要性状是否一致为标准，因产量的高低决定于群体坐果和果实重量。

（3）雄型两性株在群体中的比例多少，对产量和品质有重大影响。雄株的出现率须低于0.3%，雄型两性株在5%以下。

（4）果形美观、大小适中。一般长圆形果，单果重在500克左右最符合市场需要，圆形或近圆形果售价较低。

（5）品质优良，肉质嫩滑，清甜带香，可溶性固形物在10%以上。

164. 如何选择番木瓜苗地？

番木瓜幼苗忌积水，怕霜冻低温，应选择地势较高、排水良好、阳光充足的地方。为了防治番木瓜环斑花叶病，育苗地还要远离旧果园和葫芦科的瓜园，最好选择新地育苗，清除苗地的枯叶、杂草，并用石灰进行土壤消毒。

165. 番木瓜需要怎样的营养袋及营养土？

为了加快育苗，保证苗的质量，减少种植时伤根，一般采取营养袋育苗。营养袋直径10~12厘米，高16~18厘米，底部开2~4个直径约1厘米的排水孔。营养土以富含有机质的壤土最好。

166. 如何进行番木瓜种子处理？

先用70%甲基托布津500倍液消毒，洗净后再用1%小苏打浸种4~6小时，洗净后再用清水浸种20小时，在30~34℃下进行催芽。

167. 如何进行番木瓜催芽？

可用恒温箱或自制灯箱，用盆或其他容器装种子，每天翻拌并喷水保

持种子湿润，防止水分过多，沤烂种子。由于种子萌生的幼根易折，在种皮开裂见白或胚芽刚抽出时即可播种。

168. 如何播种番木瓜？

播种前先将营养杯淋足水，每杯放 2 粒种子，覆盖 1 层薄细土，以刚覆盖种子为宜，之后淋水，并覆盖塑料薄膜，温度控制在 30~35℃。幼苗拱起后温度控制在 20~30℃。番木瓜传统播种期为春播，即在 2~3 月播种，4~5 月定植，苗期 50~70 天。因番木瓜环斑花叶病为害，现改为秋播，即在 10 月中下旬至 11 月上旬播种，2~3 月定植，苗期 120~130 天。

169. 如何进行番木瓜苗期管理？

为了防治番木瓜环斑花叶病，采用了秋播、春种、秋收的栽培方法，幼苗在苗圃越冬，要搭苗棚覆盖塑料薄膜防寒。播种后首先要保持土壤湿润，然后通过施肥促根深扎和防止徒长。最后控制苗棚的温度，棚内温度不能高过 35℃，或低于 3℃，最适温度 20~30℃。上午 10：00 左右把塑料薄膜揭开通风，防止高温灼伤苗木，下午 17：00 后重新把薄膜盖上。当幼苗长出 2~3 片真叶时，开始控制水分，防止徒长；4~5 片真叶时开始施薄肥，每 10 天施 1 次，或喷农用核苷酸；5 片叶时开始炼苗。在炼苗期，夜间温度不低于 8℃时不盖膜，并适当控制氮肥施用，控制水分供应，使苗矮化不徒长，增强抗逆性。苗期主要的病害有立枯病、根腐病、炭疽病，可喷 70% 甲基托布津可湿性粉剂 800~1000 倍液，或 50% 多菌灵可湿性粉剂 500~800 倍液防治。

170. 如何进行番木瓜选地与建园？

番木瓜忌连作，旧果园要轮作，才能减少病害。新建番木瓜果园要与旧果园相距 120 米以上。清除周围的病株，不能种植葫芦科作物，杜绝病害传播。

山地果园应选择有防风屏障和不积霜的高地，背北向南或东南。土壤选择排水良好、肥沃疏松、土层厚的为宜。但要做好水土保持工作。按等高线开种植穴，深 60 厘米，长、宽各为 80 厘米，施足基肥。

平地果园在四周开设总排灌沟，每隔一定距离开设互相平行的中排水沟与总排水沟相连。每畦设置小排水沟与中排水沟相连，这样畦面的雨水能及时排出果园，同时降低了果园的地下水位。

种植前要深耕改土，施足有机肥。水田、平地果园要采取深坑高畦，降低地下水位，防止水浸沤根。一般畦宽（包坑）6 米，坑深 0.5 米，坑面宽 0.5 米。每畦种两行，按株行距（1.5~1.8）米 ×（2.3~2.5）米起畦，畦高 20 厘米、宽 40 厘米，做到深耕浅种。山地果园要在种植前 3~6 个月，开种植沟深 60 厘米、宽 80 厘米，穴内放足基肥。覆盖地膜后就可定植。

171. 番木瓜在何时种植好？

番木瓜在每年的 2~10 月都可移苗定植，但一般多集中在春、秋两季。

（1）春植。一般在 2~3 月气温回暖时种植。此期种植着果部位低，在 9 月下旬开始采收，可获得高产。在 4~5 月种植的，因气温较高，植株生长较快，树高，着果部位相对高些。若是 7~8 月开花遇上高温，花性趋雄程度高，坐果率低。

（2）秋植。一般在 9~10 月种植。因此期气温开始下降，但植株生长仍较快，植株矮壮，所以着果部位低。秋植只适合于冬季气温较高的新区和没有番木瓜环斑花叶病的地区。

172. 番木瓜的种植密度如何？

番木瓜的种植密度要根据品种、土壤肥力、管理水平等因素来确定。在正常的水肥管理下，株行距（1.5~1.7）米 ×（2.3~2.5）米，即每亩种植 180~200 株。

173. 如何进行番木瓜定植？

在进行番木瓜定植前，植穴要淋透水。定植时轻轻地剥除营养杯，连杯泥一起种植，淋透定根水。没有覆盖塑料薄膜的果园要盘好树盘，以防积水。下雨时种植易引起根腐，植后刮北风或阳光过强，要遮盖护苗。若是采取大棚种植的，为了降低树干高度，苗木可斜种，并立交叉柱压住树干，不让植株直立生长。

174. 番木瓜施肥有何原则？

番木瓜生长快，营养生长期短，花期长，花果重叠，需要充足的养分供应，才能保证植株的寿命、果实的品质和产量。因此番木瓜施肥的原则是：在营养生长期氮、磷、钾的适宜比例为 1：1.2：1，开花结果期的比例为 1：2：2。期间还要根据植株状态多次喷洒叶面肥。施肥时，番木瓜幼树应采取环施，结果树采取条沟施或撒施于畦面。

175. 番木瓜如何施基肥？

种植前应在种植穴放足以腐熟有机肥为主的基肥，对根系生长、树干

的充实十分重要。基肥充足的植株，早现蕾，早开花，结果部位低，坐果率高，果实品质好。

176. 番木瓜如何施促生肥？

由于番木瓜营养生长期短，早熟品种生长 24~26 片叶开始现蕾，营养生长期只有 40~50 天，因此一般在定植后 10 天开始施肥，以速效氮肥为主，每隔 10~15 天施肥 1 次，用量逐次增加，由稀至浓。另外还应注意固态肥与液态肥相结合，促进根系生长，防止树干徒长，氮、磷、钾的比例为 1：0.5：0.3。还可喷农用核苷酸。

177. 番木瓜如何施催花肥？

当番木瓜植株进入生殖生长期后，每个叶腋都能形成花芽，养分不足时花芽分化受到影响，顶部生长减慢，生长量减少，所以在现蕾前后要施重肥，仍以氮肥为主，增加磷、钾肥。缺硼的地区在花期喷施 0.05% 硼砂或每株施 3~5 克硼砂，可防止瘤肿病发生。

178. 番木瓜如何施壮果肥？

番木瓜结果特性决定其需要大量养分，当基部果实生长时，顶部仍在不断地抽叶、现蕾、开花、坐果，因此 6 月挂果的植株在 6~10 月每月施重肥 1 次，要求氮、磷、钾用量都有较高水平，最好有腐熟的有机肥配合施用。

179. 番木瓜如何施越冬肥？

主要针对连续多年采收的果园，在 11~12 月施 1 次腐熟的有机肥或高磷、高钾肥，恢复树势，提高抗寒能力，延长叶片寿命。

180. 如何进行番木瓜园土壤管理？

番木瓜是浅根作物，定植后 2 个月进行中耕除草，适当培土，防止根系裸露，影响生长。目前，大部分番木瓜果园都采用地膜覆盖，定植前已施足基肥。在植株生长过程中，根据实际情况淋水肥或打洞施肥。覆盖地膜后能有效地防止土壤冲刷及土壤雨后板结，防止积水和长杂草，提高土壤温度，使土壤保持良好的透气、透水性。

181. 如何进行番木瓜排水和灌溉？

番木瓜生长发育过程中需要较多的水分，春季种植的植株在果实膨大期正值秋旱，需要及时淋水，特别是山地果园，但番木瓜又忌积水，根系浸水超过 24 小时即窒息死亡，畦面浸水也不得超过 6 小时。因此，雨后要及时排水，防止果园积水。

182. 为何要摘除番木瓜腋芽？

营养生长期叶腋长出的侧芽会消耗养分、水分，延迟开花结果，造成果园郁蔽，应在晴天及早摘除。

183. 如何进行番木瓜留果？

目前种植的许多品种，抽出多个花穗，并能结多个果。为了保证果实的品质和产量，根据品种特性，每叶腋留 1~2 个果。一般雌性株结果较多，留 1 个果，长圆形两性株留 2 个果。1 年生的果园单株平均留果 20~25 个，以后的花果全部疏除，集中养分供应果实生长。多年生的果园，每叶腋保留 1 个果，不限制单株结果量，要保持连续结果，肥水管理要加强，否则会影响果实品质。为了减少病菌感染，应在晴天时进行疏花、疏果。

184. 如何给番木瓜防寒？

因近年气温升高，许多不能种植番木瓜的地区，现在都大面积种植，但冬季还是要做好防寒工作。

①建园时选择避北风的地段，北风入口处要有防护林。②进入秋冬季，果园增施磷、钾肥，并用杂草或绿肥覆盖地面，可防旱、保湿、保温，减少低温干旱对根的伤害。③用稻草包扎树干或树干涂白，用稻草遮盖树顶幼叶和果实，可保护幼叶过冬，减少霜冻对果的伤害。④对结果过多的植株，适当疏去部分果，减轻树体负担，有利于植株越冬。⑤在落霜后太阳出来之前，对植株喷水，可减少日出直射时的温度剧烈变化，减少受害。

185. 如何防治番木瓜环斑花叶病？

番木瓜环斑花叶病是一种传染性强、毁灭性的病毒病。该病害传播快，危害大，感染后的植株在冬季落叶，次年结果量大减或不结果，果实品质低，没有经济价值，病株 1~4 年内死亡。该病由桃蚜、棉蚜、豆蚜、夹竹桃蚜、玉米蚜等传染，蚜虫自吸毒液至完成传毒的时间通常只有 2~5 分钟，传病力达 100%；还可经由汁液摩擦、人手或机械传播。种子不传播。西瓜、香瓜、南瓜等瓜类为其中间寄主。该病每年有两个发病高峰期：4~5 月及 10 月至 11 月上旬，月平均温度为 20~25℃时植株发病最多，症状最明显；7~8 月，平均温度为 27~28℃，病株回绿，症状消失或减缓。高温对该病毒有抑制作用。

防治方法：目前还没有完全根治该病的方法，可采取综合性防治措施。①严格保护新区，隔离栽种。新发展番木瓜的地区要严格建立检疫制度，培育和种植无病苗。新果园与旧果园要隔离120米，并清除附近病株，消灭病源。②选用耐病品种如穗中红等。③改变种植时间，提倡春植，当年收果，当年砍伐，这是目前普遍采用的有效措施。④加强栽培管理，培养壮旺树体，增强抗病、耐病能力。⑤清除病株，消灭传染源。在果园发现病株时，立即挖除并用石灰消毒。⑥喷药防治蚜虫。果园间种玉米，诱引蚜虫喷杀。⑦采用网室大棚育苗和种植，防蚜虫为害。

186. 如何防治番木瓜炭疽病？

番木瓜炭疽病是真菌病害，主要为害果实，也为害叶和茎干，一年四季都有发生。被害果先出现黄白色或暗褐色的小斑点，呈水渍状，病斑扩大、下陷，出现同心轮纹，迅速腐烂，叶上病斑多出现于叶尖和叶缘，褐色、不规则形，斑上长有小黑点。该病菌在病残体中越冬，分生孢子由风雨及昆虫传播，由气孔、伤口或直接由表皮侵入。

防治方法：①冬季清园。喷1次30%王铜600~800倍液。②及时清除病叶、病果及残枝、落叶，集中深埋或烧毁，消灭或减少病源。开花前后、幼果期喷50%多菌灵可湿性粉剂600~800倍液，或70%甲基托布津可湿性粉剂800~1000倍液，或50%咪鲜胺可湿性粉剂250~300倍液，共2~4次，每隔7~10天喷1次。③适时采果，避免过熟采收。在采收前2周喷1次70%甲基托布津可湿性粉剂800~1000倍液。

187. 如何防治番木瓜叶斑类病害？

番木瓜叶斑类病常见的有白粉病、疮痂病和灰褐斑病等，在7~8月普遍发生，主要为害中、下层叶片。

①白粉病。主要为害嫩叶。在感病部位出现分散的白色霉状小斑块，小斑块扩大和联合形成一层白色霉粉层。霉层下的病组织变褐色。该病对嫩叶为害较严重，除为害叶片外，还为害嫩茎、叶柄，发病后叶柄与叶片脆弱易折断。

②疮痂病。多发生于叶背，初期沿叶脉两侧呈现不规则的黄斑，后期转灰褐斑并产生木栓化组织，如疮痂，潮湿时病部上生灰色或灰褐色的霉状物。

③褐斑病。发生在叶片两面,病斑呈圆形至多角形,中部灰褐色至褐色,周缘暗褐色，斑上生灰色霉状物。

防治方法：①避免过度密植，注意通风透光，控制氮肥施用。及时摘除病叶。②在 1~2 月发病期间，喷胶体硫 250 倍液，或 0.2~0.3 波美度石硫合剂，或 25% 三唑酮可湿性粉剂 1500 倍液。③疮痂病、灰褐斑病的防治可结合防治炭疽病一起进行。

188. 如何防治番木瓜根腐病？

番木瓜根腐病是真菌性病害，主要为害根部及根颈部。发病初期，在茎基出现水渍状，后变褐腐烂，叶片枯黄、枯死，根系变褐坏死。苗期或定植时伤根的树容易感染，水位较高，土壤较湿、容易积水的果园常常发生，危害性仅次于番木瓜环斑花叶病。该病病原为镰刀菌属，病菌在土壤中越冬，由流水传播。

防治方法：①苗地及果园要通风透光，土壤疏松，排水良好，避免积水。②种植时减少伤根，不能种植太深。果园要轮作，不能与葫芦科蔬菜连作。③及时清除病株，并用石灰或药物消毒、晒土，不要在原来位置补植。④发病初期喷药保护。用 70% 敌克松可湿性粉剂 1000 倍液，或 50% 多菌灵可湿性粉剂 500 倍液，每株灌药液 0.3~0.5 升，每隔 7~10 天灌 1 次，连灌 2~3 次。

189. 如何防治番木瓜瘤肿病？

番木瓜瘤肿病发病时叶片变小，叶柄缩短，幼叶叶尖变褐枯死，叶片卷曲、脱落，雌花变雄花，花枯死，落果。病株各器官有乳汁流出，伤口有白色干结物。果实向阳面流乳汁，慢慢溃烂，没有溃烂的果实有瘤状突起。该病为生理性病害，因土壤缺硼而引起，补充硼元素可防治。

防治方法：①在现蕾时，在植株旁施 2~5 克硼砂或 3 克硼酸，1~2 次。②根外喷 0.05% 硼酸，每隔 7 天 1 次，连喷 3~5 次。

190. 如何防治番木瓜圆介？

番木瓜圆介是番木瓜主要害虫，若虫和雌成虫常群集吸取叶片、茎、根、果的汁液，受害植株生势衰弱，果实变劣，难以成熟，严重时植株死亡。一般从基部开始为害，逐渐向上发展，为害叶柄、叶片及果实，严重时植株表面盖上一层褐色虫体。该虫 1 年发生多代，一般在 4~5 月开始为害，8~10 月最严重，10 月以后气温下降，为害逐渐减少。卵产在雌成虫介壳下，不规则地堆积，孵化后为若虫，从介壳边缘爬出，在叶面、果面上爬行，经数小时即固定为害。

防治方法：①冬季清园，清除枯叶，消灭越冬虫源。②保护天敌。

黄蚜小蜂、黄金蚜小蜂、双带跳小蜂是番木瓜圆介天敌。③在卵盛孵期喷药。常用的药剂有 40% 速扑杀乳油 100~1500 倍液、2.5% 敌杀死乳油 2000~4000 倍液。

191. 如何防治番木瓜蚜虫？

蚜虫是番木瓜环斑花叶病的主要传播者，有桃蚜、棉蚜等。若虫、成虫群集新叶吮吸汁液，被害嫩叶皱缩。当蚜虫吸取病株汁液时，会携带病毒到健康植株，引起番木瓜环斑花叶病的发生。蚜虫 1 年发生 10~30 代。桃蚜在番木瓜上繁殖、越冬。干旱天气有利于蚜虫发生，雨水对蚜虫有冲刷、机械击落作用。有翅蚜对黄色有强烈趋性，对银灰色膜有负趋性。

防治方法：①果园远离桃树和葫芦科菜园，清除田间杂草。②畦面覆盖银灰色膜驱蚜。③喷药防治。可选用 10% 吡虫啉可溶性粉剂 2000 倍液、40% 乐果乳油 1000 倍液、50% 抗蚜威可湿性粉剂 2000~3000 倍液防治。

192. 如何防治番木瓜红蜘蛛？

红蜘蛛以成螨、若螨、幼螨群集于番木瓜叶片背面，吸取汁液。被害叶片缺绿变黄点、黄斑，严重时叶片脱落。该虫以卵和成螨在病叶内及叶背越冬。1 年发生 20 多代。发育和繁殖的适宜温度为 20~28℃，以 4~5 月和 8~11 月为发生高峰期。

防治方法：①冬季清园，彻底清除被害植株、叶片，集中烧毁，减少越冬虫源。②利用天敌治螨。间种绿肥或野生藿香蓟，为多种捕食螨、食螨瓢虫、草蛉、芽枝霉菌等创造良好的繁殖环境条件，以虫治螨。③在卵盛孵期，喷胶体硫悬浮剂 250 倍液，5~7 天喷 1 次，连喷 2~3 次，或喷 73% 克螨特乳油 1500~2000 倍液。药物要轮换使用。

八、石榴

193. 石榴花授粉有何规律?

石榴通过自花授粉和异花授粉都能结果。自花授粉结实率平均为33.3%,品种不同,自交结实率不同,重瓣花品种结实率高达50%,一般花瓣数品种结实率只有23.5%左右。异花授粉结实率平均83.9%,其中授以败育花花粉的结实率为81%,授以完全花花粉的结实率为85.4%。在异花授粉中,白花品种授以红花品种花粉的结实率为83.3%。完全花、败育花其花粉都具有受精能力,花粉发育都是正常的。不同品种间花粉具有受精能力。

194. 石榴结果枝与结果母枝有何特点?

石榴结果枝条多一强一弱对生。结果母枝一般为上年形成的营养枝,也有3~5年生的营养枝。营养枝向结果枝转化的过程,实质上也就是芽的转化,即由叶芽状态向花芽方面转化。营养枝向结果枝转化的时间因营养枝的状态而有不同,需1~2年或当年即可完成,在当年抽生新枝的二次枝上有开花坐果现象。徒长枝生长旺盛,分生数个营养枝,通过整形修剪等管理措施,使光照和营养发生变化,部分营养枝的叶芽分化为混合芽,抽生结果枝而开花结果。石榴在结果枝的顶端结果,结果枝在结果母枝上抽生。结果枝长1~30厘米,叶片2~20个,顶端形成花蕾1~9个。结果枝坐果后果实高居枝顶,但开花后坐果与否均不再延长。结果枝叶片由于养分消耗多,衰老快,落叶较早。果枝芽在冬、春季比较饱满,春季抽生,顶端开花坐果后由于养分向花果集中,使得结果枝比对位营养枝粗壮。其在强(长)结果母枝和弱(短)结果母枝上抽生的结果枝数量比例不同。

195. 石榴苗栽植前应注意哪些问题?

石榴栽植前应对苗木进行检查和质量分级。将弱小苗、畸形苗、伤口过多苗、病虫苗、根系不好苗、质量太差苗剔除,另行处理。要求入选苗木应为粗壮、芽饱满、皮色正常,具有一定的高度,根系完整的,然后分等级栽植。采取当地育苗当地栽植的,随起苗随栽植最好。异地购入苗木不能及时栽植的,要进行临时性假植。要注意对失水苗木应立即浸根一昼

夜，充分吸水后再行栽植或假植。

石榴苗木的栽植分带干栽和平茬苗栽。平茬苗截留干5~10厘米栽植，由于截掉枝干，减少了蒸腾，成活率可达98%以上。而在相同条件下，带干栽植成活率低于平茬苗。

196. 石榴高产园有几种栽植方式？

国内石榴产区有长方形、三角形、等高式等栽植方式，可根据田块大小、地形地势、间作套种、田间管理、机械化操作等方面综合考虑选用，原则是既有利于通风透光、促进个体发育，又有利于密植、早产丰产。目前采用较多的有以下方式。

（1）长方形栽植。这种方式多用在平原农田，有利通风透光，便于管理，适于间作和耕作管理，合乎石榴树生理要求，故此石榴树生长快、发育好、产量高。据研究，石榴树栽植行向对产量有影响，南北行向更利于接受光照，优于东西行向。具体到一定地区，在考虑利于接受光照的同时，行向应和当地主风向平行。

（2）等高栽植。这种形式主要用于丘陵、山地，栽时行向沿等高线前进，一般株距变化不大，行距随坡度的大小而伸缩，随地形变化灵活掌握。在陡坡地带，当行距小于规定行距1/2时，则可隔去一段不栽，以免过密，营养面积小，导致枝条直立生长，造成结果不良。等高栽植包括梯地栽植、鱼鳞坑式栽植和撩壕栽植等方式。

197. 如何栽好石榴树？

（1）挖坑栽植。坑大小一般为50厘米×50厘米×50厘米，大苗坑适当再大些。坑土一律堆放在行向一侧，表土和心土分开堆放。

（2）栽植方法。栽植时实行"三封、两踩、一提苗"的方法，即表土拌入肥料，取一半填入坑内，培成丘状，将苗放入坑内，使根系均匀分布在土丘上，然后将另一半掺肥表土培于根系附近，轻提一下苗后踩实使根系与土壤密接，上部用心土拌入肥料继续填入，并再次踩实。填土接近地表时，使根茎高于地面5厘米左右，在苗木四周培土埂做成水盘。栽好后立即充分灌水，待水渗下后苗木自然随土下沉，然后覆土保湿。最后要求苗木根茎与地面相齐，埋土过深或过浅都不利于石榴苗的成活生长。

198. 修剪石榴树有何好处？

（1）树势平缓，枝条紧凑。石榴树为落叶灌木或小乔木，属于多枝树种，树势生长平缓，自然生长的石榴树树形有近圆形、椭圆形、纺锤形等。冠内枝条繁多，交错互生，抱头生长，没有明显的主侧枝之分，扩冠速度慢，内膛枝衰老快、易枯死。基部蘖生苗能力强，冠内易抽生生长旺盛的徒长枝。蘖生苗和徒长枝不利的是易扰乱树形、无谓消耗树体营养，有利的是老树易于更新。

（2）萌芽率高，成枝力强。1年生枝条上的芽在春天几乎都能萌发，一般在枝条中部的芽生长速度较快，1年往往有 2~3 次枝芽萌发生长。而枝条上部和下部的芽生长速度较慢，1年一般只有 1 次生长。

（3）顶端优势不明显，不易形成主干。石榴枝条顶端生长优势不明显。顶芽 1 年一般只有春季生长。春季生长停止后一部分顶芽停止生长，少部分顶端形成花蕾。夏、秋梢生长只在一部分徒长枝上进行。石榴主干不明显，扩冠主要靠侧芽生长完成。

199. 如何进行石榴树冬季修剪？

冬季修剪在落叶后至萌芽前休眠期间进行。冬季修剪以培养、调整树体结构，选配各级骨干枝，调整安排各类结果母枝为主要任务。冬季修剪在无叶条件下进行，不会影响当时的光合作用，但影响根系输送营养物质和激素量。疏剪和短截，都不同程度地减少了全树的枝条和芽量，使养分集中保留于枝和芽内，打破了地上枝干与地下根的平衡，从而充实了根系、枝干、枝条和芽体。由于冬季管理不动根系，所以增大了根冠比，具有促进地上部生长的作用。

200. 如何进行石榴树夏季修剪？

石榴树夏季修剪主要用来弥补冬季修剪的不足，于开花后期至采收前的生长季节进行的修剪。夏季修剪正处于石榴旺盛生长阶段和营养物质转化时期，前期生长依靠贮藏营养，后期依靠新叶制造营养。利用夏季修剪，采取抹芽、除萌蘖、疏除旺密枝、撑、拉、压开张骨干枝角度、改变枝向、环割、环剥等措施，促使树冠迅速扩大，加快树体形成，缓和树势，改善光照条件，提早结果，减少营养消耗，提高光合效率。夏季修剪只宜在生长健壮的旺树、幼树上适期、适量进行，同时要加强综合管理措施，才能收到早期丰产和高产、优质的理想效果。

201. 石榴树丰产树形有几种？

（1）单干形。每株只留 1 个主干，干高 33 厘米左右。在中心主干上按方位分层留 3~5 个主枝，主枝与中心主干夹角为 45~50 度，主枝与中心主干上直接着生结果母枝和结果枝。这种树形枝级数少，层次明显，通风透光好，适合密植栽培，但枝量少，后期更新难度较大。

（2）双干形。每株留 2 个主干，干高 33 厘米。每主干上按方位分层各留 3~5 个主枝，主枝与主干夹角为 45~50 度，两个主干间夹角为 90 度。这种树形枝量较单干形多，通风透光好，适宜密植栽培，后期能分年度更新复壮。

（3）三干形。每株留 3 个主干，每个主干上按方位留 3~5 个主枝，主枝与主干夹角为 45~50 度。这种树形枝量多于单干和双干树形，少于丛干形，光照条件较好，适合密植栽培，后期易分年度更新复壮树体。

（4）多干半圆形（自然丛状半圆形）。该树形多在石榴树处于自然生长状态、管理粗放的条件下形成。其树体结构，每丛主干 5 个左右，每个主干上直接着生侧枝和结果母枝，形成自然半圆形。这种树形的优点是老树易更新，逐年更新不影响产量。缺点是干多枝多，树冠内部郁蔽，通风透光不良，内膛易光秃，结果部位外移。有干多枝多不多结果的说法，加强修剪后也可获得较好的经济效益。

202. 石榴树为什么要进行逐年扩穴和深翻改土？

土壤是石榴树生长的基础，根系吸收营养物质和水分都是通过土壤来进行的。土层的厚薄、土壤质地的好坏和肥力的高低，都直接影响着石榴树的生长发育。重视土壤改良，创造一个深、松、肥的土壤环境，是早果、丰产、稳产和优质的基本条件。对石榴树扩穴和深翻改土的作用有四点：第一，改善土壤理化性，提高其肥力；第二，翻出越冬害虫，以便被鸟类吃掉或在空气中冻死，降低害虫越冬基数，减轻翌年虫害；第三，铲除浮根，促使根系下扎，提高植株的抗逆能力；第四，石榴树根蘖较多，消耗大量的水分养分，结合扩穴，修剪掉根蘖，使养分集中供应树体生长。

203. 如何进行石榴树扩穴和深翻？

（1）扩穴在幼树定植后几年内，随着树冠的扩大和根系的延伸，在定植穴石榴树根际外围进行深耕扩穴，挖深 20~30 厘米、宽 40 厘米的环形深翻带；树冠下根群区内，也要适度深翻、熟化。

（2）深翻成年树果园一般土壤坚实板结，根系已布满全园。为避免伤断大根及伤根过多，可在树冠外围进行条沟状或放射状沟深耕，也可采用隔株或隔行深耕，分年进行。扩穴和深翻时间一般在石榴树落叶后、天气封冻前结合施基肥进行。

204. 石榴园如何进行间作？

幼龄树果园株行间空隙地多，合理间种作物可以提高土地利用率，增加收益，以园养园。成年树果园种植覆盖作物或种植绿肥也属果园间作，但目的在于增加土壤有机质，提高土壤肥力。果园间作的根本出发点，在考虑提高土地利用率的同时，要注意有利于果树的生长和早期丰产，且有利于提高土壤肥力。可间种蔬菜、花生、豆科作物、薯类、禾谷类、中药材、绿肥、花卉等低秆作物。

注意，在石榴园内不可间种高粱、玉米等高秆作物，以及瓜类或其他藤本等攀缘植物，同时间种的作物不能有与石榴树相同的病虫害或中间寄主。长期连作易造成某种作物病原菌在土壤中积存过多，对石榴树和间种作物生长发育均不利，故宜实行轮作和换茬。

总之，因地制宜地选择优良间种作物和加强果、粮的管理，是获得果粮双丰收的重要条件之一。一般山地、丘陵、黄土坡地等土壤瘠薄的果园，可间作如谷子、麦类、豆类、薯类、绿肥作物等耐旱、耐瘠薄适应性强的作物；平原沙地果园，可间作花生、薯类、麦类、绿肥等；城市郊区平地果园，一般土层厚，土质肥沃，肥水条件较好，除间作粮油作物外，可间作菜类和药类植物。间作形式 1 年一茬或 1 年两茬均可。为缓和间种作物与石榴树的肥水矛盾，树行上应留出 1 米宽不间作的营养带。

205. 石榴园如何进行树盘覆膜？

覆盖地膜能减少土壤水分散失，提高土壤含水率，又提高了土壤温度，使石榴树地下活动提早，相应的地上活动也提早。地膜覆盖特别在干旱地区对树体生长的影响效果更显著。方法是：在早春土壤解冻后灌水，然后覆膜，以促进地下根系及早活动。其操作方法为：以树干为中心做成内低外高的漏斗状，要求土面平整，覆盖普通的农用薄膜，使膜、土密结，中间留一孔，并用土将孔盖住，以便渗水。最后将薄膜四周用土埋住，以防被风刮跑。树盘覆盖大小与树冠径相同。

206. 如何进行石榴园地覆草？

在春季石榴树发芽前，要求树下浅耕 1 次，然后覆草 10~15 厘米厚。低龄树因考虑作物间作，一般采用树盘覆盖；而对成龄树果园，已不适宜间种作物，此时由于树体增大，坐果量增加，耗损大量养分，需要培肥地力，故一般采用全园覆盖，以后每年续铺，保持覆草厚度。适宜作覆盖材料的种类有厩肥、落叶、作物秸秆、锯末、杂草、河泥，或其他土杂肥混合而成的熟性肥料等。原则是就地取材，因地而异。

207. 石榴园地覆草有哪些好处？

石榴园连年覆草有多重效益：一是覆盖物腐烂后表层土壤腐殖质增厚，有机质含量以及速效氮、速效磷量增加，明显地培肥了土壤；二是平衡土壤含水量，增加土壤持水功能，防止地表径流，减少蒸发，保墒抗旱；三是调节土壤温度，在4月中旬0~20厘米土层温度覆草比不覆草平均低0.5℃左右，而冬季最冷的1月份平均温度高0.6℃左右，夏季有利于根系正常生长，冬、春季可延长根系活动时间；四是增加根量，促进树势健壮，覆草的最终效应是果树产量的提高。

208. 进行石榴园地覆草有何注意事项？

石榴园覆草效应明显，但要注意防治鼠害。老鼠主要为害石榴根系。据调查，遭鼠害严重的有4种果园：杂草丛生荒芜果园，坟地果园，冬、春季窝棚和房屋不住人的周围果园，地势较高果园。其防治办法有：消灭草荒，树干周围0.5米范围内不能覆草和撒施鼠药，以保护老鼠的天敌蛇、猫头鹰等。

209. 如何进行石榴树干基培土？

对山地丘陵等土壤瘠薄的石榴园，培土增厚了土层，防止根系裸露，提高了土壤的保水、保肥和抗旱性，增加了可供树体生长所需养分的能力。培土可提高树体的抗寒能力，降低冰冻危害。培土一般在石榴树落叶后结合冬剪和土、肥管理进行，培土高度30~80厘米。因石榴树基部易产生根蘖，培土有利于根蘖的发生和生长，春暖时及时清除培土，并在生长季节及时除根蘖。

九、紫苏

ZISU

210. 紫苏有哪些重要食用功能?

叶具特异芳香,有杀菌防腐作用。紫苏有解蟹毒的作用,常常与鱼配伍,日本名菜生鱼片,就是用紫苏叶为配料。煮鱼时放入紫苏叶或穗苏,味道特别鲜美。紫苏叶还可以生食或腌渍。紫苏根、茎、叶、花、萼及果实均可入药,有散寒、理气、健胃、发汗、镇咳去痰、利尿、净血、镇定等作用和治疗外感风寒、头痛、胸腔闷等症。

211. 紫苏有什么栽培特性和特点?

(1) 紫苏是一种耐高温类蔬菜,能耐高温高湿。夏季炎热时生长良好,温度低生长慢。

(2) 紫苏是典型的短日型蔬菜,9月间开花,10月种子成熟。无论植株大小,日照短时即开花结籽。冬季温室栽培紫苏叶时,夜间需进行补光,否则苗期即开花结籽。

(3) 紫苏种子有明显的休眠期,休眠期长达120天。经发芽试验发现,低温及赤霉素处理均能有效地打破休眠。将刚采收的种子用100毫克/千克赤霉素处理并置于低温3℃及光照下5~10天,后置于15~20℃光照条件下催芽12天,种子发芽可达80%以上。

(4) 紫苏在适宜的季节栽培非常容易,抗性强,病虫害很少发生。整个生长期不用施用农药,是天然的绿色食品。

212. 紫苏有哪些类型及品种?

紫苏包括两个变种。

(1) 皱叶紫苏,又称回回苏、鸡冠紫苏,有紫色和绿色之分。我国南方较多,其种子较少,褐色。

(2) 尖叶紫苏又称野生紫苏。多在房前、篱边种植,其种子较大,灰色,常作鸟食出售,也有绿色、紫色、正面绿背面紫之分。

213. 紫苏的露地栽培怎样进行?

选择地势平整、排灌方便的地块。每亩施腐熟有机肥3000千克,复

合肥 30 千克，与土壤混匀，作成 1.3~1.5 米平畦，畦要平，土块要细，于 4 月中下旬至 5 月上旬条播或撒播，每公顷用种 3 千克，播后用脚踩实，不覆土，浇水后可覆盖地膜以利出苗。出苗后及时揭膜。2 片真叶时开始间苗。最后定植距离为 20~30 厘米见方。也可 3~4 月在温室内育苗，4 月下旬至 5 月上旬定植露地，育苗每公顷用种 450~750 克。

214. 紫苏的保护地栽培怎样进行？

保护地栽培一般在冬季进行，依据采收方式不同可分为"芽紫苏"、"穗紫苏"和"叶紫苏"栽培。"芽紫苏"如同芽菜栽培，植株 3~4 片叶时即可收获。这种栽培最好是利用酿热温床或地热线在温室内栽培，栽培要点是播种要密，地温要高，20 天就可生产一茬。"穗紫苏"冬季栽培时，可用"芽紫苏"的育苗方式育苗，然后每 3~4 株一丛，丛距 10~12 厘米定植，在冬季短日的情况下，保持 20℃ 左右的温度，一般 6~7 片叶时抽穗，穗长 6~8 厘米时，及时采收，以每 10~15 株为一扎上市，产品以花色鲜明、花蕾密生为上品。以采收叶为目的的"叶紫苏"，冬季栽培时，可在 3~4 片真叶时进行夜间补光。将光照时间延长至 14 小时，可抑制花芽分化，增加叶数。我国山东在冬季温室内栽培紫苏，以叶片出口日本，创造了很高的效益，进行"叶紫苏"栽培，密度宜稀，行株距在 30 厘米 × 30 厘米左右。

215. 紫苏如何采收和贮藏？

根据不同的目的可采用不同方式的采收。需要叶片，可选择植株上部的嫩叶采收，也可以掐尖收获。"芽紫苏"是收割法，"穗紫苏"为整株收获。

紫苏可放在 5~8℃、湿度 80%~90% 条件下贮藏，贮存期 15~20 天。

十、薄荷

216. 薄荷的栽培特性是怎样的?

（1）薄荷是一种耐寒性多年生宿根蔬菜。其地下茎部分抗寒性很强，在很多地方可以自然越冬，而地上部具有一定耐热性，夏季高温仍可正常生长。

（2）薄荷有多种繁殖方式,可种子繁殖、分株繁殖、根茎繁殖、扦插繁殖。

（3）薄荷抗逆性强，病虫害很少发生。整个生长期不用施农药。

（4）薄荷很易栽培，不择土壤，耐阴、耐贫瘠。

217. 薄荷有哪些品种?

通常我们所说的薄荷一般是泛指一切薄荷，而实际上薄荷只是薄荷属的一个种，另外，各种薄荷之间容易杂交，而产生许多变种，故而薄荷在栽培上有很多品种。现将其他一些种或变种或品种的主要特点介绍如下，仅供参考。

（1）野薄荷。叶片清凉，泡茶饮可治疗感冒发烧，缓解旅行恶心症状。

（2）绿薄荷。又名四香菜，我国南方一些地区食用，叶片绿色，高120厘米左右。

（3）摩洛哥绿薄荷。叶绿色微皱，有清凉宜人的薄荷香味,能缓解痉挛。

（4）皱叶绿薄荷。叶片深绿色，具引人注意的皱缩，边缘卷曲，有幽幽的薄荷气味。

（5）芳香薄荷。叶片鲜绿色，规则的齿状边缘，叶上被毛，有苹果香味，是拌沙拉的良好材料。

（6）杂色芳香薄荷。叶片边缘有奶油色，耐寒性较强。

（7）水薄荷。茎上生根，可在水中生长，叶片被茸毛，花淡紫色，具刺激性，催吐，收敛，可用于治疗腹泻。

（8）科西嘉薄荷。辣味小叶形成垫状，鲜绿色，花小型，浅紫色。

（9）普列薄荷。茎上生根，叶片有胡椒薄荷气味，可驱虱和蚂蚁。

（10）直立普列薄荷。普列薄荷的变种，株形直立，叶片鲜绿色光滑，可驱昆虫，治疗月经延迟，但剂量过大则有毒，会引起流产。

（11）红毛薄荷。茎紫色，叶深绿色，先端尖锐，叶齿状，叶有香甜的薄荷味，用于沙拉、甜食和饮料。

（12）古龙薄荷。茎、叶微带紫色，叶片光滑，香味浓郁，在化妆品和水果沙拉中应用。

218. 薄荷的栽培季节怎样确定？

薄荷一般多作露地栽培，方便而容易。为了满足周年供应，可以在冬季进行温室栽培，也可以进行花盆栽培。温室栽培可在 8~9 月间使用扦插苗定植，也可以秋后用露地的根茎移到温室内进行栽培，可视温室茬口、供应期等具体情况而定。

219. 薄荷有哪些繁殖方法？

（1）种子繁殖。薄荷种子细小，育苗要求精细。

（2）根茎繁殖。薄荷多用无性繁殖，方便而快捷。根茎繁殖多在春季萌芽前进行，把以前种植的老畦挖开，即可得到薄荷的地下茎。把地下茎剪成 10 厘米左右的小段，即可用作繁殖。

（3）分株繁殖。分株繁殖一般在出苗后进行，带根挖出薄荷苗即可直接栽培于田间，成苗较快。

（4）扦插繁殖。薄荷很易生不定根，条件适合插后 5~7 天即可生不定根。冬季温室种植，可于 8~9 月间从田间掐取薄荷尖约 5~10 厘米进行扦插，扦插最好使用 128 孔穴盘。

220. 薄荷如何定植？

定植薄荷一般平畦栽培。露地多年生长的地块，除施足基肥外，每年均需在秋后地上部干枯后铺施一层有机肥。根茎需开沟定植，沟距 20~30 厘米，沟深 8~10 厘米。开沟后把根茎放入沟中即可。根茎多时可多撒些，少时可稀一些。分株苗、扦插苗按行株距 30 厘米 ×20 厘米定植即可。

221. 薄荷如何进行田间管理？

薄荷田间管理简单容易。基肥充足的情况下，前期注意中耕锄草、浇水等一般作业，薄荷就可以旺盛生长。中后期应追施单元速效化肥和缓效复合肥。温室栽培应稍加精细。定植后应抓紧管理，促进小苗生长，力争在入冬后形成较大的植株。冬季温度低，生长慢，较大的植株就可以形成一定的产量。

222. 薄荷如何收获?

薄荷作为菜用，一般收其嫩茎尖，长度 10 厘米左右。作为提炼油用，一般一年收割两茬，第一次在 7 月上旬，第二次在 9 月下旬。分别割取地上部分，阴干。

223. 薄荷如何贮藏?

薄荷中含有的精油容易挥发，不适合长期贮藏。作为贮藏用的薄荷采收时要码放整齐，避免人为损伤。可放在 0℃袋或箱中贮藏。

十一、鱼腥草

224. 鱼腥草对外界环境条件有哪些要求？

（1）温度。鱼腥草喜欢温暖的环境，一年中无霜期内均能生长。一般土温12℃开始出苗，生长前期要求16~20℃，地下茎成熟期要求20~25℃，较耐寒，气温降至-5℃仍能越冬。

（2）水分。鱼腥草耐涝，喜欢湿润的土壤环境，需求田间最大持水量为75%~80%。

（3）光照。它对日照时间长短要求不严格，喜欢良好的光照，但也较耐阴。

（4）土壤。对土壤要求不高，可充分利用荒地栽培，但鱼腥草根茎分布较浅，土壤为疏松、肥沃的砂质壤土，易优质、稳产。

225. 鱼腥草怎样进行繁殖？

生产上多利用其白色的地下茎进行无性繁殖。在秋季茎叶枯黄后，选择粗壮肥大、节间长、无病虫害的老茎，将其埋藏于地下自然过冬。春季发芽前，从老茎节间剪成4~6厘米的小段，每段2~3个节。若在夏季高温干旱时栽培，种茎每段一定要带3个节，以保证中间节位能发芽。

226. 鱼腥草如何整地和定植？

整地、作畦、施基肥、土地深耕，为根茎的生长创造疏松的土壤条件，每亩施腐熟厩肥3000~5000千克、过磷酸钙50千克和硫酸钾15~20千克（或草木灰100千克）作底肥。作平畦，畦宽1.3米。浇足底水。

定植前畦横向开沟，沟深10厘米左右。在沟内摆放种茎，株行距7厘米×13厘米。随播随覆土，然后浇水。

227. 鱼腥草如何进行田间管理？

（1）浇水。鱼腥草喜欢湿润的土壤环境，要及时浇水，尤其在5~6月茎叶生长旺季和7~8月高温干旱时。

（2）中耕除草。出苗后到封行，中耕除草3~4次，减少杂草竞争水分、养分，破碎土壤表面板结，创造疏松土壤环境。

（3）摘心和摘蕾。生长过旺的植株要摘心，抑制侧枝，使养分保证地下茎供应。如果不是为了用花，初现蕾即摘，避免生殖生长同营养生长竞争养分。

（4）追肥。基肥足，可不施追肥，但在5月下旬，为了鱼腥草旺盛生长，可适施人粪尿每亩1500千克。为了增加产品香味和产量，可在生长期间用0.2%~0.4%的磷酸二氢钾喷叶2~3次。

228. 鱼腥草如何进行病虫害防治？

鱼腥草病虫害很少发生。病害有白绢病，发病初期地上茎、叶变黄，地下茎遍生白色绢丝状菌丝体，并逐渐软腐，在布满菌丝的茎及其附近地表产生大量油菜子状菌核，后期会成片倒伏。其病原为齐整小菌核，属半知菌亚门真菌。防治方法：选地轮作，剔除病种茎，加强田间管理。发病初期喷洒20%三唑酮乳油1500倍液，隔10天1次，共喷2~3次。采收前1周停止用药。对病株也可用50%托布津600~800倍液灌根。紫斑病为害叶片，同心轮纹，造成叶片干枯死亡，发病初期喷洒1：160的波尔多液或70%代森锰锌500倍液2~3次。叶斑病发生在高温干旱季节，发病时用50%托布津800~1 000倍液或70%代森锰锌400~600倍液喷雾。

229. 鱼腥草如何采收？

采收食用嫩叶，可在7~9月分批采摘，但初夏不宜采叶，以免影响地下茎产量；食用地下茎，可在当年9月到次年3月挖掘，先用刀割去地上茎叶，然后挖出地下茎，抖掉泥土，洗净上市。

230. 鱼腥草有何利用价值？

鱼腥草是一种营养丰富的蔬菜，每100克嫩叶含蛋白质2.2克，脂肪0.4克，碳水化合物6克，粗纤维18.4克，胡萝卜素2.59毫克，维生素$B_2$0.21毫克，维生素C 56毫克，钾36毫克，维生素P 8.1毫克，钠2.55毫克，钙123毫克，镁71.4毫克，磷38.3毫克，铜0.55毫克，铁9.8毫克，锌0.99毫克，锰1.71毫克。还含有鱼腥草素、挥发油、蕺菜碱、槲皮甙等物质。鱼腥草素对金黄色葡萄球菌、甲型链球菌、流感杆菌、卡他球菌、伤寒杆菌以及结核杆菌等多种革兰氏阳性及阴性细菌均有不同程度的抑制作用；能增强白细胞吞噬能力，提高机体免疫力；并有抗炎作用。所含槲皮素及钾盐，能扩张肾动脉，增加肾动脉血流量，因而有较强的利尿作用。此外，还有镇痛、止血、镇咳的作用。

231. 鱼腥草可作哪些常用药用方剂?

以下是几款鱼腥草小药方。

（1）湿热水肿。鱼腥草、车前草各 30 克，加水煎服，每日 1 剂，对湿热水肿、小便不利有较好效果。

（2）胃热口臭。鱼腥草 250 克，加盐、醋、味精、香油等凉拌，常吃可治因胃热导致的口臭，并能治胃热过甚导致的消化不良。

（3）热咳。鱼腥草 50 克，用开水浸泡（用鱼腥草根茎煎水也可），加适量白糖当茶饮，对因热邪引起的咳嗽（黄痰多）有止咳祛痰作用。

（4）鼻窦炎。将新鲜鱼腥草捣烂绞汁，每日滴鼻 3 次，每次 4、5 滴。对慢性鼻窦炎或萎缩性鼻炎有效，且无副作用。

（5）痔疮肿痛。用鱼腥草 100 克，煎汤趁热熏洗，每日 1~2 次，连用 2 次即可消除痔疮引起的红肿疼痛。

（6）红眼病。取鲜鱼腥草 20 克，加白糖约 10 克，用开水泡服或煎服均可，一般服 2~3 次即可明显止痒消肿，连用数次可愈。

232. 鱼腥草开发前景如何?

鱼腥草既营养丰富，又具有很好的保健作用，符合现代人对蔬菜的要求，但目前在市场上，鱼腥草还属稀特蔬菜，这就意味着种植者较少，价格偏高，产品还未进入寻常百姓家，因此对鱼腥草的需求具有很大的潜力。从经济效益上分析，种植鱼腥草每亩需种茎 80~100 千克，每亩产量为 2000~4000 千克，产值可达 6000 元以上，而且鱼腥草对土壤要求不严格，可充分利用荒地、瘠地。它的繁殖方式为无性繁殖，一次购种茎，自己繁殖，扩大生产规模，受益多年，经济利益颇丰。

十二、芹菜

233. 芹菜有哪些优良品种？

（1）纯金黄芹。四川成都种业有限公司选育。植株长势强，叶簇直立，外叶绿色，心叶蛋黄色，叶柄浅黄绿色，株高60厘米左右，单株重0.2~0.4千克。质地脆嫩，味清香，抗病、丰产，纤维少，品质好。

（2）泰国黄心芹菜。广东梅州市三农种业发展有限公司选育。叶簇较直立，株高50~60厘米，开展度16~20厘米，叶近圆形，浅绿色，叶柄长而粗，苗期呈浅绿色，软化后呈黄白色，纤维少，香味浓，产量高，抗热、耐寒，春季抽薹迟，南方可四季种植。

（3）天津实心芹。天津耕耘种业有限公司从农家品种提纯复壮而成。一般株高90厘米，植株紧凑直立，基本无分枝，叶柄翠绿，叶片肥大，实心，纤维少，品质细嫩，风味适口，商品性好，生长速度快，不易先期抽薹，丰产潜力大，既抗寒又耐热，适应性广，南北方四季均可栽培。

（4）脆嫩白秆芹菜。四川绵阳科兴种业有限公司精选地方良种。叶簇直立，叶片小，叶绿有缺刻，心叶浅绿色，外叶绿，叶柄白色，有棱，秆茎白色，中空。株高40~80厘米，开展度10~15厘米，质地嫩脆，纤维少，香味浓，品质佳、产量高，耐寒，抗热性强，适应性广，适宜全国各地四季栽培。

（5）埃菲尔。引自法国，定植后70天左右收获，生长速度快，株型紧凑，株高80~90厘米，叶柄长30~35厘米，颜色淡黄，光亮，脆嫩，纤维少，商品性状极佳，单株重1.5千克左右，产量高，耐低温，抗抽薹，抗病性强，适宜露地种植。

234. 春芹菜播种如何育苗？

1. 品种选择。选择不易抽薹、较抗寒的品种。

2. 催芽播种。

（1）确定播期。大、中、小棚栽培于元月上旬至2月中旬，采用保护地育苗。露地2月底至4月直播。

（2）催芽播种。用温汤浸种后，于15~20℃条件下催芽后播种。苗床土选择肥沃细碎园土6份，配入充分腐熟猪粪渣4份，混匀过筛，每平方米床土中施过磷酸钙 0.5 千克，草木灰 1.5~2.5 千克，硫酸铵 0.1 千克，铺在苗床上，厚 12 厘米左右。播种时先打足底水，然后将种子均匀地撒播在床面上，覆土厚 0.5 厘米左右。

（3）苗期管理。夜间低温可加小拱棚保温，出苗 50% 时撒地膜，喷 40% 除草醚 160~200 倍液。苗出齐后，白天揭开小拱棚，白天 15~20℃，夜间 10~15℃。温度升高要撤除小拱棚。苗期保持床面湿润，见干立即浇水。及时间苗，除草。最好间苗 1~2 次，白天温度超过 20℃ 时要及时放风，夜间保持 5~10℃，定植前炼苗，幼苗 60 天左右定植。

3. 及时定植。选择保水保肥力强，含丰富有机肥的壤土或黏壤土。露地在晚霜过后，当地日平均气温稳定在 7℃ 以上时定植，在不受冻的原则下尽量早栽。大、中、小棚栽培，当棚内室温稳定在 0℃ 以上，地温 10~15℃ 定植。若在大棚内扣小拱棚，还可提早 1 周左右。定植前半月整地做畦，每亩施农家肥 5000 千克，耙细搂平，畦宽 1 米。选择寒尾暖头的晴天上午定植，西芹畦栽 4 行，穴距 30 厘米，单株；本芹栽 5~6 行，穴距 10~12 厘米，每穴 4~5 株，边栽边浇水，栽植不能太深，以土不埋住心叶为宜。

235. 春芹菜田间管理如何进行？

（1）露地栽培。露地定植初期适当浇水，加强中耕保墒，提高地温。缓苗后浇缓苗水，不要蹲苗。灌水后适时松土，植株高 30 厘米时，肥、水齐攻，每亩施硫酸铵 25 千克或尿素 15 千克左右，追肥后应立即灌水。以后再不能缺水干旱，每隔 3~5 天浇 1 次水，两次后改为 2 天浇 1 次水，始终保持畦面湿润。也可适当再追 1~2 次肥。

（2）设施栽培。大、中、小拱棚定植初期要密闭保温，一般不放风，棚内温度可达 25℃ 左右，心叶发绿时温度再降至 20℃ 左右，超过 25℃ 要放风，随着外界气温逐渐升高加大放风量，先揭开两端薄膜放风，再从两侧开口放风。外界气温白天在 18~20℃ 时，选无风晴天全部揭开塑料薄膜大放风，夜间无寒潮时开口放风。晚霜期过后，选阴天早晨或晚上光照较弱时撤掉小拱棚。白天气温 22~25℃，夜间温度 10~15℃。

植株高达 33~35 厘米时肥、水齐攻。追肥时要将塑料薄膜揭开，大放风，待叶片上露水散去后，每亩撒施硫酸铵 25 千克左右。追肥后浇水 1 次，以后隔 3~4 天浇 1 次水，保持畦面湿润至收获。采收前不要施稀粪。缺硼时，可每亩施用 0.50~0.75 千克硼砂。采收前 15 天用 30~50 毫克 / 千克的赤霉素叶面喷施 1~2 次。

236. 夏秋芹菜无公害栽培如何培育壮苗？

1. 品种选择。根据当地气候条件和消费习惯，选用抗热耐涝品种如津南实芹、六合黄心芹、玻璃脆芹、正大脆芹、白庙芹菜等。夏芹在日平均气温15℃左右时可播种，长江中下游地区一般在3月中下旬至5月，多直播，也可育苗移栽。秋芹5月下旬至8月育苗移栽。

2. 培育壮苗。

（1）苗床准备。选择地势高燥、富含有机质、肥沃、排灌方便的生荏地，深翻，晾晒3~5天，施入充分腐熟的有机肥，每平方米苗床施入磷酸钙0.5千克，草木灰0.5~2.5千克，耙平做畦。

（2）催芽播种。在播种前进行催芽，当种子出芽后，即可播种。选阴天或傍晚播种，播种前苗床浇透水，均匀撒播种子，覆土0.5~1厘米厚。

237. 夏秋芹菜无公害栽培苗期如何管理？

（1）播种。播种前用25%除草醚可湿性粉剂0.5千克，对水75~100千克，均匀地喷洒在苗床畦面上。

播种后采用覆盖秸秆、稻草等遮阴降温，也可以距地面1~0.5米处搭上支架，上面覆盖遮阴材料。还可以与小白菜混播，保持畦面湿润，早晚小水勤浇，暴雨或热雨过后，可浇井水降温。用催芽的种子播种，播后2~5天可出苗，当幼苗拱土时，要轻浇1次水，1~2天后苗便出齐。

（2）出苗。出苗后于傍晚逐渐撤去覆盖物，并覆盖一层细土，揭掉覆盖物前先浇水。第一片真叶展开前，小水勤浇，当第一片真叶展开后，保持土壤湿润，但不能浇水过多，间苗1~2次，拔除弱苗和杂草。2~3片真叶时，浇水使土壤湿润，随浇水追肥1~2次，每亩施入硫酸铵10千克左右，4~5片真叶时可定植。

（3）适时定植。定植前，前茬收获后立即深翻，晒茬3~5天，亩施优质有机肥5000千克，耙细整平做畦。北方多用平畦，南方多用高畦，畦宽1~1.7米不等。苗龄50~60天，选阴天或多云天气定植，定植前浇透水，起苗时在主根4厘米左右铲断。本地小株品种行株距15厘米×10厘米，每穴双株。大株西芹品种行株距40厘米×27厘米，单株。栽植时以埋住根茎为宜，不要将土埋住心叶。

238. 夏秋芹菜无公害栽培如何进行田间管理？

（1）夏季栽培。要重视肥水管理，整个生长期要肥、水猛攻，不能蹲苗，否则很容易干旱缺肥，影响生长发育，并使纤维增多，降低品质。干旱时，每2~3天浇1次水。浇水应在早上、傍晚进行，保持土壤湿润状态，促进芹菜旺盛生长，还有降低地温的作用，造成有利于芹菜生长的小气候。遇大雨应及时排水防涝，遇热雨应及时浇冷凉的井水降温并增加水中的含氧量，防止热雨使植株根系窒息。整个生长期应及时追肥。追肥应掌握多次少量的原则，每 10~15 天 1 次，每次每亩施尿素或复合肥 10~12 千克，可随水冲施，直到收获前 15~20 天停肥。芹菜生长期忌用人粪尿等农家肥，否则会引起心叶烂心或烂根。生长前期可进行中耕 1~2 次。中耕宜浅，勿伤根系或茎叶。结合中耕应及时拔草，勿使草大压苗。采收前 1 个月，可每隔 7~10 天喷一次浓度为 20~50 毫克 / 千克赤霉素，使植株高度增加，增产效果明显。

（2）秋季栽培。定植后，缓苗初，每隔 2~3 天浇 1 次水，保持土壤湿润，降低地温，以促进缓苗。芹菜缓苗后，开始缓慢生长，为促使新根下扎和新叶发生，应适当控制水分，进行蹲苗，蹲苗 5~7 天，不浇或少浇水，保持土壤地表干燥而地下 10 厘米处湿润，旺盛生长期应充分供应水、肥，蹲苗结束后，立即随水冲施复合肥，每亩 10~15 千克，以后每隔 10 天，每亩冲施尿素或复合肥 10 千克，共追肥 4 次，于收获前 20 天停止。每隔 3~4 天浇 1 次水，后期每 5~7 天浇 1 次水，一直使土壤保持湿润状态，收获前 5~7 天停水。

239. 越冬芹菜如何育苗定植？

越冬芹菜一般不需保护措施。最低气温在 –10℃的地区，需地面覆盖或设风障保护，低于 –12℃的地区，则不能露地越冬，必须将根株贮藏在暖窖里或者假植在温室里越冬。

（1）品种选择。选用耐寒、冬性强、抽薹迟的品种，如六合黄心芹、天津白庙芹菜、大叶芹菜、玻璃脆芹、意大利西芹等。

（2）培育壮苗。越冬芹菜多露地育苗，长江中下游地区一般 8 月初至 9 月初播种，苗龄 50~60 天，9 月下旬开始移栽。也可采用育苗移栽，播种期提前 15 天左右，9 月上旬移栽。选择地势高、排水良好、土壤肥沃的生茬地块做育苗床。整地做畦，畦宽 1~1.2 米，施入腐熟有机肥，耧平、耙细。选择前 1~2 年的陈种子，适当揉搓种子，去杂，在清水中洗净，浸种 24 小时，再晾至半干，用湿布包好，置于 15~18℃条件下催芽，每天翻动种子，并用清水淘洗 1 次，80%种子出芽后播种。播前苗床浇足底水，水渗下后撒下一层薄土，均匀撒播种子，覆土 0.5~1 厘米厚。9 月前播种气温较高，必须遮阴，9 月以后播种不必遮阴。真叶展开后要追肥，每亩追硫酸铵 10 千克左右，追肥后要及时灌水，保持畦面湿润。及时间苗 1~2 次，间苗后轻撒一层细土，浇少量水。结合间苗拔除杂草或在播后苗前喷洒除草醚。发现病株，要及时清除，并撒 1000 倍液的多菌灵灭菌。

（3）适时定植。一般前茬为秋白菜等，前作收获后立即整地做畦。每亩施腐熟优质有机肥 3000~5000 千克或复合肥 50 千克，混匀、耙平做畦，畦宽 1.5~1.8 米。行穴距（15~16）厘米 ×（6~7）厘米，每穴 2~3 株。

240. 越冬芹菜如何进行田间管理？

前期如干旱，可在缓苗期覆盖遮阳网，昼盖夜揭，后期天气转凉，可露地栽培。若后期遇冰霜天气要盖膜防霜冻，可进行大棚栽培，在 11 月下旬早霜到来时盖棚膜；也可做风障，风障一般设在畦的北侧，略向南倾斜；也可覆盖草帘，草帘宽度与畦宽吻合，将草帘盖在畦面上。定植后浇定根水，4~5 天后，地表见干，苗见心后，第二次浇水。雨水后中耕松土。入冬前浇 1 次冻水，具体时间应根据本地区当年的气候条件而定，一般在当地夜间上冻，白天化冻的时候浇冻水为宜。早则在立冬前后，晚则在冬至前后，要浇足、浇透，特别是在干旱少雨的年份，要补浇两次水。平均气温回升到 4~5℃时，要去掉黄叶，浇返青水，及时中耕培土。旺盛生长期，肥水齐攻，每亩施硫酸铵 20~25 千克，可随水施入稀粪尿，以后每 4~5 天浇 1 次水，采收前 7 天停止浇水。

241. 芹菜如何安排栽培季节？

露地栽培以秋季栽培为主，其次为越冬芹菜和春芹菜，也可夏秋栽培。利用保护地等，基本能达到周年生产。同非伞形科的作物轮作 2~3 年以上。可以同黄瓜、豆类蔬菜、茄果类蔬菜间套作。秋芹菜前茬为早夏菜，如番茄、黄瓜、菜豆等，越冬芹菜的后茬为晚夏菜或早秋菜。

秋茬一般于 7 月上旬至 8 月上旬播种，8 月上旬至 9 月上旬定植，9 月中旬至 10 月中旬收获；越冬茬，一般于 9~10 月播种，10~11 月定植，翌年 1~3 月收获；春茬，一般 3 月播种，4~5 月定植，5~6 月收获。

242. 芹菜生产如何培育壮苗？

（1）种子处理。种子用 60~70℃热水烫种，边倒热水边搅拌 10 分钟，15~20℃冷水浸泡 12 小时，在 15~20℃条件下催芽 3~4 天。待大部分种子出芽后播种。

（2）苗床准备。1 平方米的苗床施入过磷酸钙 500 克、草木灰 1.5~2.5 千克、硫酸铵 0.5 千克，粪土混合过筛，整平畦面，最好采用育苗盘或穴盘播种。

（3）播种。苗床浇透底水，种子同细砂子或白菜种子混合播种，覆土厚度 0.5 厘米。高温季节在阴天或傍晚进行，播后苗床上覆盖遮阳网；低温季节要在晴天播种，播后苗床上覆盖地膜。

（4）苗期管理。苗出齐后除去覆盖物，并拔出混播的白菜苗，保持土壤湿润，高温季节早晚浇水，雷阵雨后及时浇井水降温；低温季节晴天上午浇水。间苗 1~2 次，保持苗距 3 厘米，3 片真叶时随浇水施 1 次尿素，每亩 7~10 千克。注意保持温度，白天 15~20℃，夜间 10~15℃。低温季节采用保护地育苗，定植前 10 天逐步降低温度进行秧苗锻炼，此时温度逐渐降低到 5℃，短时间 2℃。

（5）苗龄。秋芹菜 40~50 天；越冬芹菜 60~70 天；春芹菜 50~60 天；塑料薄膜大棚早春栽培 80 天。

243. 芹菜如何施肥定植？

1. 整地施基肥。每亩施入腐熟有机肥料 5000 千克、过磷酸钙 100 千克、草木灰 100 千克，或硫酸钾 10 千克、尿素 20 千克、硼砂 500~700 克，施肥后深翻 20~30 厘米，使粪土充分混合，耙细，做成 1~1.2 米的平畦。

2. 定植。

（1）小棵芹品种。定植密度为穴距 13~15 厘米，每穴 2~3 株，或单株栽植，株距 10 厘米；沟栽软化栽培行距 60~66 厘米，穴距 10~13 厘米，每穴 3~4 株。

（2）西芹品种。若采用保护地栽培，株行距 15~20 厘米；若采用露地栽培，行距 30 厘米，株距 25 厘米；若采用培土软化栽培，行距 33~45 厘米，均采用单株定植。

高温季节定植要在阴天或傍晚进行，低温季节在晴天进行。大小苗分别栽植，深度以埋住根茎为度，越冬芹菜可以稍深些。

244. 芹菜如何进行田间管理？

（1）肥水管理。缓苗期需要 15~20 天，高温季节定植后要小水勤灌，保持土壤湿润；低温季节要及时松土。缓苗后植株新叶开始生长，结合浇缓苗水每亩追施尿素 5~8 千克；缓苗后浇一次缓苗水，开始蹲苗 10~15 天，期间中耕 1~2 次，深度 3 厘米；越冬芹菜在越冬前浇一次冻水，翌春气温 4~5℃时，清洁田园，浇返青水；心叶开始直立生长时，结束蹲苗，及时浇水，保持土壤湿润，3~4 天浇水 1 次。追肥 2~3 次，第一次每亩可追施硫酸铵 15~20 千克、硫酸钾和过磷酸钙各 10 千克，10 天后追施腐熟的人粪尿 750~1000 千克，10~15 天后再追施腐熟有机肥 1 次。贮藏的芹菜收获前 7~10 天停止浇水。

（2）培土软化。秋芹菜培土软化的，当植株高 25 厘米时，天气转凉时开始培土软化。充分浇水后，在晴天下午培土，每次以不埋住心叶为度，土要细碎，共培土 4~5 次，总厚度 17~20 厘米。

（3）温度管理。白天 20~22℃，夜间 13~18℃，土温 15~20℃为宜。

（4）收获植株。50~60 厘米时擗叶收获，也可一次性收割，或连根拔除进行假植贮藏。

245. 什么叫芹菜培土软化栽培？

培土软化栽培多在秋季进行，育苗、定植及田间管理与秋芹菜大致相同。用于培土软化的芹菜栽培行距应拉大到 33~40 厘米，当月平均气温降到 10℃左右，植株高度在 25 厘米左右时开始培土。培土前连日充分灌大水 3 次。5~7 天后，用稻草将每丛植株的基部捆扎起来，再松土 1 次，在植株的两旁培土，拍紧，使土面光滑。第一次培土厚约 33 毫米，隔 2~3 天再培土 1 次，连续培土 5~6 次，至高度约 20~25 厘米，让植株的心叶露出来。培土的时间最好是晴天下午叶面上没露水时进行。所用的土不要混入干粪，以免引起腐烂，同时土要细碎，不能有土块。约 30 天后就可收获上市。

246. 如何防止春芹菜先期抽薹？

芹菜为低温感应型蔬菜，幼苗长到 3~4 片叶以后，遇到 10℃以下的低温，历时 10~15 天，就能通过春化阶段，在长日照下进行花芽分化。处于低温时间愈长，抽薹率愈高。3~4 片叶的芹菜幼苗苗龄期为 30 天左右。茎粗 0.5 厘米左右，在 5~10℃的低温下即可通过春化阶段。苗越大，通过春化阶段越迅速。在 15℃以上时芹菜不能通过春化阶段。萌动的芹菜种子，也不能通过春化阶段。春芹菜不论露地栽培或保护地设施生产，不论直播或育苗移栽，通过春化阶段所需的条件都能满足，生长过程中又必然遇到长日照和较高的温度，所以抽薹是不可避免的。因此，芹菜在越冬栽培或春早熟栽培中，育苗后期和定植后，一定要避免低温，防止先期抽薹现象的发生。防止措施主要体现在以下几个环节：

（1）品种选择。芹菜品种中抗寒性强的实秆品种，在通过春化阶段时需要的温度较低，而且必须有充足的时间，即它们通过春化阶段比较困难，其冬性较强，这样的品种先期抽薹现象较轻。一般中国芹菜抽薹早，西洋芹菜抽薹晚。

（2）选用新种子，或正常留种采种种子。用陈种子培育的植株生长势弱，营养生长抑制不住生殖生长，往往是花薹伸长超过叶柄，使芹菜失去食用价值。

芹菜正常的留种、采种，是在秋播以成株越冬，翌春移栽后留种。这样采的种子一般冬性较强，先期抽薹较轻。如果利用冬播或早春播种后的春季栽培芹菜，原地间苗直接留种，用这类种子作春季栽培芹菜，不仅产量不高，先期抽薹的为害也大大增加，在生产中应切实注意避免使用这种种子。

247. 夏秋芹菜催芽播种有哪些方法？

（1）低温催芽。在播种前 7~8 天进行浸种，先除掉外壳和瘪籽，用清水浸泡 24 小时。若用 60~70℃温水浸种，将温水边倒入边搅拌，直到不烫手为止，浸种 12 小时。浸种后用清水冲洗几次，边洗边用手轻轻地搓，洗掉种子上的黏液，并搓开表皮，摊开晾种，待种子半干时，装入泥盆用湿布盖严，或用湿布包好埋入盛土的瓦盆内，或掺入体积为种子 5 倍的细砂装入木箱中，置于 15~20℃条件下催芽。也可放在室内水缸旁，也可吊在井中距水面 30~40 厘米处催芽。每天翻动 2~3 次。3~4 天后每天用清水洗 1 次。一般 5~7 天即可出齐。也可将种子与湿河沙混合后，置于冷凉处催芽。

（2）激素催芽。有些品种的种子采收后有 1~2 个月的休眠期，如利用当年采收的新种子催芽，往往出芽困难，出芽时间拖长且不整齐。因此，可用 5 毫克/升的赤霉素，每支 20 毫升加水 4 千克，浸种 12 小时，捞出后待播；或用 1000 毫克/千克的硫脲溶液浸种 10~12 小时；也可把种子冷藏处理 30 天；也有的采用 800~1600 毫克/升高浓度赤霉素处理种子，可缩短发芽时间，提高发芽率。

（3）变温催芽。即将种子浸泡好后，放在 15~18℃温箱内，12 小时后将温度升高到 22~25℃，后经 12 小时后，将温度降到 15~18℃，经 3 天左右出芽，即可播种。

248. 夏秋芹菜如何进行遮阴育苗？

（1）秸秆、稻草或苇蒲遮阴。播种后把高粱秸、玉米秸、稻草等搭放在畦面上。待幼苗出齐后，陆续把遮阴物撤除干净。或利用原有的大棚地育苗，播种后，在大棚的竹竿上搭玉米秸、竹竿或遮阳网等覆盖物遮阴。还可采用屋脊式覆盖，即先在 2 个畦中间位置架一道横梁，梁高 50 厘米，再铺盖玉米秸、竹竿或高粱秸等覆盖物，其一端搭在横梁上，另一端搭在畦埂上成一斜坡。

（2）塑料薄膜遮阴。利用废旧塑料薄膜和竹竿等支撑物，搭成四周通风的小拱棚，可起遮阴、防雨的作用。即在苗畦上插竹片，作小拱棚的骨架，竹片的两端插在畦埂外侧 20 厘米处，拱棚的高度约 1.5 米左右，竹片间隔 1 米，覆盖薄膜时，薄膜两端的高度离地面 40 厘米，便于通风。同时薄膜的宽度应大于两边的畦埂，为防止强光暴晒，可在薄膜上撒石灰乳或稀泥。此法效果较好，但费工费料。

（3）遮阳网纱拱棚遮阴。利用黑色或银灰色的遮阳纱做覆盖，利用竹竿等做支撑物，做成小拱，覆在育苗畦上。这种方法可遮阴、降温，防暴雨淋苗，还可驱避蚜虫，减轻病毒病的发生。

不论用什么方法遮阴，在苗出齐后，应陆续减少遮阴物，待幼苗 1~2 片真叶时，全部撤除所有覆盖物，并立即浇少量水。

249. 夏秋芹菜如何进行育苗管理？

（1）浇水管理。出苗前应保持畦面湿润，如果畦面稍干，由于覆土很薄，很易灼伤幼芽。从播种次日起，至出土前每隔 1~2 天应浇 1 次小水。浇水宜早晚进行，水量应小。

出苗至第一片真叶展开时，根系细弱，不抗干旱，此时很易造成干旱死苗。如果天气无雨，仍需小水勤浇，每隔 2~3 天浇一次小水，保持畦面见湿不见干。幼苗 2~3 片真叶时，如天气干旱，需及时浇水，保持土壤湿润。在第四、第五片真叶出现后，可减少浇水次数，保持畦面见干见湿。此时浇水过多，易引起根系发育不良和茎叶徒长。

（2）施肥管理。芹菜苗期对氮肥和磷肥需要较大，除了在做畦时施足基肥外，苗期也应及时追速效肥。在苗高 5~6 厘米时，结合浇水每亩追尿素或复合肥 10~15 千克，也可每隔 5~7 天喷施 0.2%~0.3% 的尿素液进行叶面追肥。秋初季节，雨水多，浇水次数频繁，肥料多随水下渗，而芹菜的根系又浅，吸收能力弱，因此，追肥应少量多次。一般每隔 10~15 天追肥 1 次，保证及时供应幼苗所需肥料。

（3）间苗。芹菜苗期应间苗 2 次。在幼苗 1~2 片真叶时间去丛生苗、弱苗和病苗，保持苗距 1~2 厘米。约 15~20 天后，在 2~3 片真叶时，进行第二次间苗，苗距 3 厘米。这时可把间出的苗定植到大田内。

（4）除草。芹菜幼苗期天气炎热，雨水多，土壤湿润，杂草极易滋生。如未用除草剂处理的苗畦，应结合间苗及时拔草 2~3 次。芹菜幼苗根系很浅，拔除大草时往往带出幼苗来，所以苗期拔草应做到从杂草很小时开始拔除，并拔除干净。

250. 芹菜如何进行病虫害防治？

（1）种子消毒。从无病株上选留种子或播前用 10% 盐水选种，48~49℃ 温水浸 30 分钟，边浸边搅拌，后移入冷水中冷却，晾干后播种。

（2）床土消毒。每平方米苗床可选用50%多菌灵可湿性粉剂9~10克，加细土4.0~4.5千克拌匀，播前一次浇透底水，待水渗下后，取1/3药土撒在畦面上，把催好芽的种子播上，再把余下的2/3药土覆盖在上面，即下垫上覆，使种子夹在药土中间。或用72.2%霜霉威盐酸盐（普力克）水剂400倍液、64%噁霜灵（杀毒矾）可湿性粉剂500倍液等喷施土壤，或用40%拌种双粉剂，也可用50%多菌灵可湿性粉剂与福美双可湿性粉剂1∶1混合，每平方米苗床施药8克。也可用40%甲醛（福尔马林）30毫升加3~4升水消毒。用塑料膜盖5天，揭开后过15天再播种。

（3）生物防治。芹菜蚜天敌种类多，主要有瓢虫、食蚜蝇和草蛉等，对其种群具有很好的控制作用，可保持和利用，或喷施2.5%鱼藤精乳剂800倍液进行防治。

（4）物理防治。为防止有翅蚜迁飞扩散，可在棚室芹菜的通风口铺设40~60目防虫网，能有效地控制其为害。

251. 如何防治芹菜叶斑病？

（1）芹菜菌核病。药剂喷施，可在发病初期，选用50%腐霉利（速克灵）、50%异菌脲（扑海因）、50%乙烯菌核利（农利灵）可湿性粉剂1000~1500倍液，70%甲基硫菌灵可湿性粉剂600倍液，40%菌核净可湿性粉剂500倍液等喷洒。棚室可采用10%腐霉利烟剂，或45%百菌清烟剂，每亩1次用药250克，熏1夜。也可用5%百菌清粉剂，每亩1次用药1千克。

（2）芹菜叶斑病。药剂喷施，可在发病初期，选用50%多菌灵可湿性粉剂800倍液，50%甲基硫菌灵可湿性粉剂500倍液，77%氢氧化铜（可杀得）可湿性粉剂500倍液等喷雾。在棚室保护地栽培，可选用5%百菌清粉剂，每亩1次用药1千克；或45%百菌清烟剂，每亩1次用药200克，隔9天左右1次，连续施用2~3次。

252. 如何防治芹菜心腐病？

（1）症状。开始时，芹菜心叶叶脉间变褐，叶缘细胞逐渐坏死，呈黑色、褐色，最后心部腐烂。为生理性病害，主要是缺钙造成的。连作地，浇水过多或大雨淋浴，土壤中氮肥施用过多，土壤干旱，空气湿度大等均能造成钙素缺乏而致发病。根腐病、根结线虫病的发生，可造成根系的吸收钙素能力降低。

（2）防治。土壤中施用铵钙镁等钙素含量较高的肥料；及时浇水，防止干旱；及时防治病虫害；加强管理，每20天喷施浓度为0.01%的芸薹素内酯——"硕丰481"溶液一次，促进根系生长发育，提高吸收能力。

253. 如何防治芹菜缺硼症?

（1）症状。发病时,叶柄异常肥大、短缩,并向内侧弯曲。弯曲的部分内侧组织变褐,逐渐龟裂,叶柄扭曲以致劈裂。严重时,幼叶边缘褐变,心叶坏死。该病是由于缺硼造成的生理性病害,大多数土壤中硼的有效含量太低,加上不注意施用硼肥,所以发病较普遍。

（2）防治。土壤施硼肥,每亩施硼砂 1 千克,或用 0.1% ~0.3% 的硼砂水溶液根外喷施。

254. 如何防治芹菜黑腐病?

（1）症状。多发生在接近地表的根茎部和叶柄基部,有时也为害根部。病部变黑腐烂,其上生许多小黑点。植株生长停滞,外边 1~2 层叶片因基部腐烂而脱落。该病为真菌性病害。

（2）防治。生长期每 20 天喷施浓度为 0.011% 的芸薹素内酯——"硕丰 481"溶液 1 次,促进生长发育,提高抗病力。发病初可用 50% 甲基硫菌灵(甲基托布津)500 倍液或 77% 氢氧化铜(可杀得)500 倍液喷雾防治,每 7~9 天 1 次,连喷 2~3 次。

255. 芹菜苗期如何进行病害防治?

病害少量发生时,应及时拔除病株,撒施少量干土或草木灰降湿,并喷药,可选用 75% 百菌清 700~800 倍液喷洒,或 50% 腐霉利(速克灵)可湿性粉剂 1000 倍液,或 36% 甲基硫菌灵悬浮剂 500 倍液,或 60% 多菌灵盐酸盐(防霉宝)超微可湿性粉剂 800~900 倍液,或 50% 咪酰胺可湿性粉剂 1000 倍液,或 25% 醚菌酯(阿米西达)悬浮剂 1000~1200 倍液,或 70% 丙森锌(安泰生)可湿性粉剂 500~700 倍液,或 70% 敌磺钠(敌克松)可湿性粉剂 1000 倍液,或 58% 甲霜灵(瑞毒霉、雷多米尔)可湿性粉剂 1000 倍液,或 40% 乙膦铝 500~600 倍液喷洒。

256. 芹菜灰霉病的症状及发生条件是什么?

芹菜灰霉病是近年棚室保护地新发生的病害。可在芹菜生长的各个时期发生,以叶片、叶柄为害较重。

1. 为害症状。一般局部发病,开始多从植株有结露的心叶或下部有伤口的叶片、叶柄或枯黄衰弱的外叶先发病,初为水浸状,后病部软化、腐烂或萎蔫,病部长出灰色霉层,即病菌分生孢子梗和分生孢子。长期高湿,芹菜整株腐烂。

2. 发生条件。芹菜灰霉病由半知菌亚门真菌灰葡萄孢侵染引起,病菌以菌核在土壤中或以菌丝及分生孢子在病残体上越冬或越夏。翌春条件适宜,菌核萌发,产生菌丝体和分生孢子梗及分生孢子。分生孢子成熟后脱落,借气流、雨水或露珠及农事操作进行传播。

发育适温 20~23℃,最高 31℃,最低 2℃。对湿度要求很高,一般 12 月至翌年 5 月,气温 20℃左右,相对湿度持续 90%以上,在阴雨、气温偏低、不及时放风、棚内湿度大时病害严重。种植密度大,株、行间郁闭,通风透光不好,发病重。氮肥施用太多,土壤黏重、偏酸,多年重茬,肥力不足、耕作粗放、杂草丛生的田块,植株抗性降低,发病重。

257. 芹菜灰霉病如何进行综合防治?

(1)农业防治。和非本科作物轮作,水旱轮作最好。选用抗病品种,培育壮苗。选用排灌方便的田块,施用酵素菌沤制的堆肥或腐熟的有机肥,适当增施磷钾肥,地膜覆盖栽培。发病时及时清除病叶、病株,并带出田外烧毁。保护地芹菜采用生态防治法,加强通风管理。严禁连续灌水和大水漫灌,浇水宜在上午进行,发病初期适当节制浇水,严防过量,每次浇水后,加强管理,防止结露。

(2)生物防治。发病时喷施 2%武夷菌素水剂 150 倍液。

(3)种子处理。用 50℃温水浸种 20 分钟,捞出晾干后催芽播种。或用次氯酸钙 300 倍液浸种 30~60 分钟,冲洗干净后催芽播种。或用 40%甲醛(福尔马林)150 倍液浸 1.5 小时,冲洗干净后催芽播种。

(4)烟熏。保护地栽培,可用 15%腐霉利烟剂,每亩 200 克;或用 45%百菌清烟剂,每亩 250 克熏 1 夜,隔 7~8 天 1 次。也可于傍晚喷撒 5%百菌清粉剂每亩 1 千克,隔 9 天 1 次,视病情与其他杀菌剂轮换交替使用。

(5)喷粉。保护地栽培,可用 5%福异菌(灭霉灵)粉剂 1 千克/亩喷粉。

258. 芹菜灰霉病如何进行化学防治?

发病初期,可选用 50%腐霉利(速克灵)可湿性粉剂 1000~1500 倍液;25%甲霜灵(瑞毒霉)可湿性粉剂 1000 倍液;45%噻菌灵(特克多)悬浮剂 3000~4000 倍液;50%异菌脲(扑海因)可湿性粉剂 1500 倍液;50%乙烯菌核利(农利灵)1000 倍液;10%多抗霉素(宝丽安)可湿性粉剂 600 倍液;40%嘧霉胺施佳乐悬浮剂 800~1000 倍液;60%多菌灵盐酸盐(防霉宝)超微粉 600 倍液等喷雾防治,隔 7~10 天 1 次,共喷 3~4 次。

由于灰霉病菌易产生抗药性,应尽量减少用药量和施药次数,必须用药时,要注意轮换或交替及混合施用。如喷洒 50%异菌脲(扑海因)可湿性粉剂 2000 倍液加 50%甲基硫菌灵可湿性粉剂 1000 倍液。对上述杀菌剂生产抗药性的地区可改用 65％硫菌·霉威（甲霉灵）可湿性粉剂 1500 倍液或 50％多霉威（多霉灵）可湿性粉剂 1000~1500 倍液于发病初期使用，隔 14 天左右再喷 1 次，连续喷施 3~4 次。采收前 3 天停止用药。

259. 芹菜腐烂病的症状及发生条件是什么？

芹菜腐烂主要是由软腐病引起的。芹菜软腐病又称腐烂病、腐败病、"烂疙瘩"，为一种细菌性土传病害，主要在叶柄基部或茎上发生。一般在生长中后期封垄遮阴、地面潮湿的情况下容易发病。为芹菜生产中的常见病害。

（1）症状识别。芹菜腐烂病一般先从柔嫩多汁的叶柄基部组织开始发病，芹菜被为害后，叶柄基部开始先出现浅褐色、水渍状、纺锤形或不规则形的凹陷病斑，干旱时病害停止扩展，田间湿度高时，病情发展迅速，病部呈黄褐色或黑褐色腐烂并发臭，最后只残留表皮。严重时生长点烂掉下垂，全株枯死。

（2）发病条件。软腐病由欧氏杆菌属细菌侵染所致。芹菜软腐病由胡萝卜软腐欧氏杆菌致病型细菌侵染所致。病菌随病株残体在土壤中越冬，通过昆虫、雨水或灌溉水等传播，从伤口侵入，发病后，可通过雨水或灌溉水传播蔓延。所以，能从春到秋在田间各种蔬菜上传染繁殖，对各个季节栽培的芹菜都可造成危害。

温湿度是影响发病的重要因素，发病适温 25~30℃，相对湿度 85％以上利于该病发生和流行。芹菜与十字花科、豆科等蔬菜连作容易加重病情。种子带菌，伤口多，重茬地，低洼地，排水不良的地，发病重。大风有利于子囊孢子的传播，增加田间病株与健株间的接触传染，加重病害的发生和蔓延。早春多雨或梅雨来得早，气候温暖空气湿度大易发病；秋季多雨、多雾、重露或寒流早时易发病；大棚栽培的，往往为了保温而不放风排湿，引起湿度过大的易发病。感病生育盛期为生长中后期，感病流行期一般为 5~11 月。

260. 芹菜腐烂病如何综合防治？

防治软腐病宜采取多种形式，如拌种、土壤消毒、灌根、喷洒等，才能收到良好效果。

（1）农业防治。实行 2 年以上轮作。选用抗病品种，无病土育苗。选用地势高燥的田块，并深沟高畦栽培，雨停不积水避免伤根，发病期尽量少浇水或停止浇水。使用的有机肥要充分腐熟。发现病株，应及时拔除，病穴用 1∶20 倍甲醛（福尔马林）消毒，或撒一些石灰消毒土壤。大棚栽培的可在夏季休闲期棚内灌水，地面盖上地膜，闭棚几日，利用高温灭菌。播种后用药土做覆盖土，移栽前喷施一次除虫灭菌剂。采用地膜覆盖栽培，培土不宜过高，以免把叶柄埋入土中。

（2）种子处理。用农抗751粉剂或用丰灵（有效成分为枯草芽孢菌）可溶性粉剂，按种子重量的1%拌种后播种，或用2%农抗751水剂100倍液，用15毫升拌200克种子，晾干后播种。

（3）无公害防治。在播种沟内，用2%农抗751水剂5千克，或丰灵可溶性粉剂1千克，加水50千克，均匀施在1亩的垄沟上。苗期用丰灵可溶性粉剂500克，加水50千克，浇灌根部和喷洒叶柄及基部，或在浇水时，每亩随水加入农抗751水剂2~3千克。

261. 芹菜斑枯病如何防治？

芹菜斑枯病又叫晚疫病、叶枯病，俗称"火龙""桑叶"等，是芹菜上发生最普遍而又严重的一种病害，造成减产甚至绝收。有大斑型和小斑型两种，主要为害叶片，叶柄、茎也可染病。在贮运期间还能继续发生，造成损失。

可采用以下方法防治：

（1）种子消毒。从无病地上或从无病株上采种。种子消毒可用48℃温水浸种30分钟，再用冷水冷却，捞出种子，晾干后播种。

（2）农业防治。排开播种，以躲过发病适宜期。用新苗床育苗。施足有机肥，看苗追肥，及时追肥，夏季高温期追肥，不追稀粪，改用化肥。小水勤灌，控制田间湿度，防止大水漫灌。适时中耕、松土。保护地要加强放风，白天控温15~20℃，高于20℃，要及时放风，夜间控制在10~15℃，缩小昼夜温差，降低湿度防结露；及时清洁田园，清除病老叶，带出深埋。

（3）无公害防治。苗高长到3厘米后开始注意用药，发病前或病害刚发生时，喷洒2%嘧啶核苷类抗菌素（农抗120）水剂或武夷菌素水剂100~150倍液，5~6天1次，连喷3~4次。

（4）烟熏。用45%或30%百菌清烟剂，每亩每次用200~250克，分放4~5个点，早上日出之前或傍晚日落之后进行，冒烟后密闭烟熏4~6小时。隔7天熏1次，连熏3~4次。百菌清作为保护剂，第一次烟熏时，必须在发病前进行，否则效果差，烟熏时棚、室必须严闭，烟熏剂不要放在植株底下，不宜任意加大用量。

（5）喷粉。可选用5%百菌清粉剂，或7%敌菌灵（防霉灵）粉剂，每亩喷1千克（不加水），早、晚喷，隔7天1次，连喷3~4次。

262. 芹菜斑枯病如何进行化学防治?

芹菜苗高 2~3 厘米时，就应开始喷药保护，以后每隔 7~10 天喷 1 次药，可选用 50% 福异菌可湿性粉剂 800 倍液；40% 多·硫胶悬剂 600~800 倍液；50% 甲霜铜可湿性粉剂 500~600 倍液；8% 精甲霜灵·锰锌（金雷）水分散粒剂 600~800 倍液；72.2% 霜霉威盐酸盐(普力克)水剂 1000 倍液；10% 氰霜唑（科佳）悬浮剂 2000~3000 倍液；65.5% 噁唑菌酮（易保）水分散颗粒剂 800~1200 倍液；52.5% 噁唑菌酮·霜脲氰（抑快净）水分散颗粒剂 2000~3000 倍液；64% 噁霜灵（杀毒矾）可湿性粉剂 400~500 倍液；40% 氟硅唑（福星）乳油 8000 倍液；70% 丙森锌（安泰生）可湿性粉剂 500~700 倍液；70% 敌磺钠（敌克松）可湿性粉剂 1000 倍液；58% 甲霜灵（瑞毒霉、雷多米尔）可湿性粉剂 1000 倍液等喷雾，注意药剂轮换使用，要选晴天防治，喷药注意质量，所有叶子均要喷上，重点喷下面叶子，正反面均要喷到药液。采收前 10 天停止用药。

263. 芹菜早疫病如何防治?

芹菜早疫病又称叶斑病、斑点病、褐斑病，主要为害叶面，也为害茎和叶柄，从苗床直到收获都可发病，是芹菜的主要病害之一。一般以夏、秋季发病较重，保护地芹菜发生较普遍，有时为害严重。可采用以下方法防治：

芹菜苗高 2~3 厘米时就开始喷药保护，以后每隔 7~10 天喷药 1 次，发病初期，将病叶摘除，可选用 50% 福异菌（灭霉灵）可湿性粉剂 600~800 倍液；50% 异菌脲（扑海因）可湿性粉剂 800~1000 倍液；75% 百菌清可湿性粉剂 600 倍液；50% 多菌灵可湿性粉剂 500~600 倍液；68% 精甲霜灵·锰锌（金雷）水分散粒剂 600~800 倍液；72.2% 霜霉威盐酸盐（普力克）水剂 1000 倍液；25% 嘧菌酯（阿米西达）悬浮剂 1000~2000 倍液；43% 戊唑醇（好力克）悬浮剂 3000~4000 倍液；10% 氰霜唑（科佳）悬浮剂 2000~3000 倍液；65.5% 噁唑菌酮(易保)水分散颗粒剂 800~1200 倍液；52.5% 噁唑菌酮·霜脲氰（抑快净）水分散颗粒剂 2000~3000 倍液；80% 代森锰锌（大生）可湿性粉剂 600~800 倍液；70% 丙森锌（安泰生）可湿性粉剂 500~700 倍液等喷雾防治，隔 7~10 天喷 1 次，连喷 2~3 次，注意药剂轮换使用，选晴天喷药效果好。收获前 7 天不得喷药。用高锰酸钾：代森锰锌：水为 1:1:800 倍液，发病初期 1 次，流行期 5~7 天 1 次，连喷 3 次，效果佳。

264. 芹菜菌核病如何防治？

可选用50%腐霉利可湿性粉剂1200倍液；50％多霉威（多霉灵）可湿性粉剂600~800倍液；50%异菌脲（扑海因）可湿性粉剂1200倍液；40%菌核净可湿性粉剂1000倍液；50%灭霉灵可湿性粉剂600倍液；8%精甲霜灵·锰锌（金雷）水分散粒剂600~800倍液；72.2%霜霉威盐酸盐（普力克）水剂1000倍液；10%氰霜唑（科佳）悬浮剂2000~3000倍液；65.5%噁唑菌酮（易保）水分散颗粒剂800~1200倍液；52.5%噁唑菌酮·霜脲氰（抑快净）水分散颗粒剂2000~3000倍液；80%代森锰锌（大生）可湿性粉剂600~800倍液；70%丙森锌（安泰生）可湿性粉剂500~700倍液等交替喷雾，7天1次，连喷3~4次，药剂要交替使用。

265. 芹菜花叶病毒病如何防治？

芹菜花叶病毒病又称花叶病、皱叶病、抽筋病等。在全国均有不同程度发生，高温干旱年份发病严重。主要为害叶片，芹菜、西芹从苗期至成株期均可发生。可采用以下方法防治：

（1）农业防治。施用酵素菌沤制的堆肥或腐熟的有机肥，采用配方施肥技术，适当增施磷钾肥，及时清除病株、老叶，集中烧毁。高温干旱时应灌水，以提高田间湿度，减轻蓟马、蚜虫、灰飞虱为害与传毒。严禁连续灌水和大水漫灌。选用较丰产又耐病品种。适时播种，培育壮苗。

（2）早期灭蚜。该病毒主要是蚜虫传毒，消灭蚜虫是关键。可用种子量0.5%灭蚜硫磷（灭蚜松）或0.3%乐果乳剂拌种；尤其注意苗期防治蚜虫，可选用50%抗蚜威可湿性粉剂2500~3000倍液；25%噻虫嗪（阿克泰）水分散粒剂6000~8000倍液；70%吡虫啉（艾美乐）水分散粒剂10000~15000倍液；10%吡虫啉可湿性粉剂800~1000倍液；5%啶虫脒乳油2500~3000倍液等喷雾，注意药剂交替使用。

（3）生物防治。发病时，可选用8%宁南霉素（菌克毒克）200倍液，或0.5%菇类蛋白多糖（抗毒剂1号）水剂300倍液，或高锰酸钾1000倍液等喷雾。

266. 芹菜根结线虫病如何防治？

芹菜根结线虫病在全国分布十分普遍，局部地区发病率高，轻者达20%~30%，重者可达50%以上，甚至100%。根结线虫寄主多，轮作困难，一旦有线虫发生，为害会越来越严重。可采用以下方法防治：

（1）农业防治。夏季高温期间，清洁田园，深翻土壤40厘米，起高垄30厘米，然后浇水，使垄沟里装满水，铺盖地膜，密闭棚室7~10天杀虫，注意垄沟里要天天不断浇水。或用 1~2 层塑料薄膜盖地面 2 周以上，提高土温至 55℃以上，利用光照消毒土壤，杀死线虫。病地改种韭菜、葱、蒜等，轮作 3 年。或种植速生蔬菜，如菠菜、芫荽和小白菜等诱集线虫，收获时根内的线虫被带出土壤，可减少对下茬作物的为害。利用大田土或其他无病土进行育苗，施用充分腐熟的有机肥。

（2）氨气熏杀。在播种前或定植前 15~20 天，每亩施液氨 50~60 千克，施后，盖上地膜，密闭 7 天左右，再撤去地膜，深翻土壤，大放风，1~2 天后再翻土，几天之后，才能播种或定植。此法还对防治其他地下害虫有良效。

（3）土壤熏蒸。土壤熏蒸对线虫的防效是最高的，其中较好的熏蒸剂是威百亩、棉隆（必速灭），一般处理 20 厘米左右厚的表土层。同时，这些熏蒸剂都是灭生性的，可以杀死土壤中的线虫、病菌、杂草，大大减轻作物的土传性病害和草害，但同时也会杀死土壤中的有益微生物。

267. 芹菜根结线虫病如何进行化学防治？

发病初期，可选用 1.8%阿维菌素（爱福丁）乳油 4000 倍液，50%辛硫磷乳油 1500 倍液等灌根，每株灌药液 250 毫升，10~15 天后再灌 1 次。也可在播种前或定植前，每平方米沟中施入 1.8%阿维菌素（爱福丁）乳油 1 毫升药液，进行土壤消毒，施入后覆上土。

此外，还可用 1.8%阿维菌素乳油，按每平方米 1~1.5 毫升，对水 6 升的药量，穴施或沟施。

268. 芹菜白粉虱如何综合防治？

白粉虱俗称小白蛾，属同翅目粉虱科，为世界性害虫。随着保护地蔬菜的迅速发展，目前已成为我国蔬菜生产上的重要害虫，其寄主有各种蔬菜、花卉、农作物等 900 多种。其综合防治技术如下：

（1）培育无虫苗。无虫苗是指温室定植的芹菜苗没有虫或虫量很少。育苗时，要把育苗室和生产温室分开。育苗前或定植前，在室内进行彻底消毒。可用高浓度的药剂熏蒸消灭残余病菌和害虫，清理残株和杂草，减少中间寄主。通风口要增设尼龙纱等，以防外来虫源的侵入。

（2）合理布局栽培作物。温室内和附近地块，要避免混栽黄瓜、番茄和菜豆，提倡栽种白粉虱不喜食的蒜苗、韭菜等耐低温蔬菜，及时消除杂草，发现带虫的叶子应及时摘掉，并携出室外处理掉。

（3）物理防治。利用白粉虱强烈的趋黄习性，可制黄板诱杀。在田间设置橙黄板（1 米 ×0.1 米规格的纤维板或硬纸板），板上涂上 10 号机油，每亩设 32~34 块，置于行间可与植株高度相同，诱杀成虫，效果显著，应 7~10 天重涂一次机油，要防止油滴在作物上造成烧伤。如与释放丽蚜小蜂结合应用，效果更佳。

（4）生物防治。白粉虱抗药剂较强，可在温室内人工释放寄生蜂、草蛉、寄生菌等天敌防治白粉虱。

（5）烟熏。采用烟熏法时，用 80% 敌敌畏乳油与锯末掺匀，加一块烧红的煤球将烟剂引燃，每亩用药 250 克，于傍晚时熏烟。棚膜要盖严，每棚内放 4~5 点。此法只能防治成虫，以后还需陆续熏烟。

269. 芹菜白粉虱如何进行化学防治？

药剂防治白粉虱，以早晨喷药为好，喷药时先喷叶片正面，然后再喷背面，每周喷药一次，连喷 2~3 次即可。可选用 25% 噻嗪酮（扑虱灵）可湿性粉剂 1500 倍液（对粉虱特效）；25% 灭螨猛可湿性粉剂 1500 倍液（对粉虱成虫、卵和若虫皆有效）；2.5% 溴氰菊酯乳油 2000 倍液；20% 氰戊菊酯乳油 2000 倍液；20% 甲氰菊酯（灭扫利）乳油 2000 倍液；10% 联苯菊酯（天王星）乳油 2000 倍液（可杀成虫、若虫、假蛹，对卵的效果不明显）；20% 吡虫啉（康福多）可溶剂 4000 倍液；2.5% 高效氯氟氰菊酯（功夫）乳油 3000 倍液，1000 倍液洗衣粉溶液等，连续施用，均有较好效果。

270. 芹菜蚜虫如何综合防治？

蚜虫繁殖和蔓延的速度较快，应运用农业、物理、化学和生物等手段综合防治。一般以化学防治为主。

（1）农业防治。选用抗蚜的芹菜品种。在栽培上适期早播早定植。及时清洁田园，结合中耕打去老叶和黄叶，间去病虫苗并立即携出田间加以处理。在芹菜收获以后，及时处理残株败叶，以消除大部分蚜虫。

（2）黄板诱杀。可利用蚜虫的趋黄特性，在田间设置橙黄板（有 1 米 ×0.1 米规格的纤维板或硬纸板），板上涂上 10 号机油，每亩设置 32~34 块，诱杀成虫，应 7~10 天重涂一次机油。

（3）避蚜。利用银灰色反光塑料薄膜驱赶蚜虫，将银灰色薄膜覆盖于地面。或将银灰色反光塑料膜剪成 10~15 厘米宽的挂条，挂于温室周围，可起避蚜作用。

（4）生物防治。可释放瓢虫、草铃、蚜茧蜂和蚜霉菌等蚜虫的寄生蜂和寄生菌，可有效防蚜，也可使用 26 号抗虫素（抗生素）防治蚜虫。

（5）植物杀虫。可选用烟草石灰水（烟草：石灰：水为 1：1：40，密闭浸泡 24 小时后过滤使用）；大蒜汁（大蒜：水为 1：1，捣碎取汁）50 倍液；

蓖麻叶汁（蓖麻：水为 1∶100 取汁）；尿素洗衣粉水（尿素：洗衣粉：水为 1∶4∶400）；醋洗衣粉水（醋：洗衣粉：水为 5∶1∶500）等喷雾防治。

（6）药剂熏蒸。在傍晚放草苫前，用花盆盛上锯末或芦苇、稻草等可燃物，洒上敌敌畏，用几个烧红的煤球点燃，使烟雾弥漫全温室。每亩温室面积需 80% 敌敌畏 0.25~0.4 千克，灭蚜效果较好。

271. 芹菜蚜虫如何进行化学防治？

根据蚜虫多生于心叶及叶背皱缩处的特点，喷药时一定要细致、周到。用药要选择具有触杀、内吸、熏蒸三种作用的药剂。可选用 50% 抗蚜威（辟蚜雾）可湿性粉剂 2000~3000 倍液；10% 吡虫啉 2000~3000 倍液；1.5% 联苯菊酯（虫螨灵）1000~1500 倍液；2.5% 溴氰菊酯乳油 2000 倍液；20% 氰戊菊酯（速灭杀丁）乳油 2000 倍液；1% 苦参素水剂 600 倍液；1.8% 阿维菌素乳油 3000 倍液；40% 乐果乳油 1000 倍液；70% 灭蚜硫磷（灭蚜松）可湿性粉剂 2000 倍液；2.5% 高效氯氟氰菊酯（功夫）乳油 2000~3000 倍液；2.5% 高效氟氯氰菊酯（保得）乳油 1500~2000 倍液；25% 噻虫嗪（阿克泰）水分散颗粒剂 6000~8000 倍液等喷雾防治。每隔 1 周喷 1 次，连续喷雾 2~3 次，并注意药剂交替使用。采收前 7 天停止用药。

272. 芹菜红蜘蛛如何综合防治？

（1）农业防治。在春季、秋末结合积肥，铲除菜田及其附近的杂草。田间蔬菜收获以后，清除残株落叶沤肥或烧毁，以减少虫源。加强田间管理，注意灌溉，合理施肥，促进植株健壮生长，增强抗病能力。

（2）化学防治。加强田间检查，在红蜘蛛有点片发生时即进行防治。若发现新孵化的若虫，则要连续防治。可选用 20% 复方浏阳霉素乳油 2000~3000 倍液；25% 灭螨猛可湿性粉剂 1000~1500 倍液；2.5% 联苯菊酯（天王星）乳油 2000 倍液；10% 哒螨灵（扫螨净）2000 倍喷雾；70% 炔螨特（克螨特）乳油 2000 倍液；20% 双甲脒（螨克）乳油 2000 倍液；5% 氟虫脲（卡死克）乳油 2000 倍液；1.8% 阿维菌素 3000 倍液；2.5% 高效氯氟氰菊酯（功夫）乳油 2000~3000 倍液；2.5% 高效氟氯氰菊酯（保得）乳油 1500~2000 倍液；48% 毒死蜱（乐斯本）乳油 1000~1500 倍液等喷雾，注意药剂轮换使用，每隔 10~14 天喷 1 次，连续喷 1~2 次。

273. 芹菜蛞蝓如何综合防治？

（1）农业防治。推广地膜覆盖栽培，不仅有利于蔬菜生产，而且可使蛞蝓的为害显著减轻。采取适时中耕除草、清洁田园、排除积水等措施，破坏蛞蝓栖息和产卵场所。进行秋翻，使部分越冬蛞蝓暴露在地面被冻死或被天敌啄食，卵被晒爆裂。

（2）人工诱集捕杀或石灰带保苗。用树叶、杂草和菜叶等，在温室或菜田做诱集堆，天亮前集中捕捉。用石灰地带保苗，在沟边、地头或作物间撒布石灰带，每亩撒生石灰 5~7.5 千克，保苗效果好。

（3）毒饵诱杀。在早晨蛞蝓尚未潜入土中时（阴天可在上午）进行药剂防治。可选用四聚乙醛（蜗牛敌）与豆饼粉或玉米粉等配成含有效成分为 2.5%~6% 的毒饵，于傍晚施于田间垄上诱杀；也可将 10% 四聚乙醛（多聚乙醛）颗粒剂拌入鲜草中，用药量为鲜草量的 1/10，拌匀制成毒饵，撒在地里，以诱杀野蛞蝓。

（4）撒施或穴施。可用 8% 灭蛭灵颗粒剂，或 10% 多聚乙醛颗粒剂，每亩用药 2 千克撒于田间。还可用 2% 灭旱螺颗粒剂与干细土 25 份混匀，或 45% 百螺敌颗粒剂与干细土 25 份混匀，或茶枯粉 3~5 千克 / 亩撒施，或 6% 四聚乙醛（灭蜗灵）颗粒剂与干细土 25 份混匀，播种或移栽时撒施或穴施，成株期撒施于蛞蝓经常出没处。

274. 芹菜蛞蝓如何进行化学防治？

于清晨蛞蝓未潜入土中时，可选用灭蛭灵 800~1000 倍液，硫酸铜 800~1000 倍液，70% 杀螺胺（贝螺杀）500~700 倍液，氨水 70~100 倍液，1% 食盐水等喷洒防治。也可于傍晚，用 50% 辛硫磷乳剂 1000 倍液喷洒防治。

275. 如何防止芹菜叶柄纤维增多？

芹菜叶柄中的维管束周围是厚壁组织，在叶柄表皮下有厚角组织。厚角组织是叶柄中主要的机械组织，支撑叶柄挺立。正常情况下维管束、厚壁组织、厚角组织皆不发达，所以纤维素较少，叶柄脆嫩、品质好。在生产上往往因高温干旱、水肥不足等环境因素和栽培技术不当等原因，使厚壁组织增加，厚角组织增厚，薄壁细胞减少，而表现为纤维素增加，大大降低了食用品质。纤维增加的原因和防止措施如下。

（1）品种选用。芹菜不同的品种间叶柄含纤维的多少差异很大，一般绿色叶柄的芹菜含纤维较多，而白色、黄绿色叶柄的芹菜含纤维较少。实秸芹菜比空秸芹菜含纤维少，在种植时应尽量选用含纤维少的品种。

（2）栽培措施。芹菜生长季节如遇高温、干旱、缺水等因素，芹菜体内水分不足，为保持水分，减少水分蒸腾，叶柄的厚角组织增厚与厚壁组织发展，因而使纤维增多。如果缺肥或病虫为害，往往造成薄壁细胞大量破裂,厚壁组织、厚角组织增加,纤维素比率提高,因而食用时脆嫩感减少。为了防止纤维增多,改善品质,应加强水肥供应,多浇水降地温,及时防治病虫害等。

（3）生长刺激素的应用和适时收获。生长旺盛期适当喷施 20~50 毫克 / 千克赤霉素,不但能提高产量,还能使纤维含量相对减少,改善品质,适时收获也是防止芹菜老化和纤维增多的措施之一。

十三、菠菜

276. 菠菜优良品种有哪些？

（1）耐冬菠菜。进口种子。叶缺刻美观、肉厚，叶幅宽，叶色绿，有光泽，株形美，商品性高，叶数多，叶尖圆，同其他品种相比根色较红，初期生长旺盛、直立、容易收获。较晚抽薹，播种期长，抗霜霉病。春播一般在3月上旬以前播种，宜保护地栽培；秋播一般在8月下旬至9月中旬。

（2）全能东湖菠菜。广东汕头市澄海区利农蔬菜良种研究所产品。生命力旺盛，由秋初，经冬季，直至晚春，整个种植季节都适宜，容易种植。株型直立，高大，齐整，叶柄粗壮，叶子厚阔，叶色浓绿，产量高而株型美观。

（3）日本法兰草菠菜。广东梅州市三农种业发展有限公司产品。早、中、晚均可种植，比一般品种生长快。特抗病、耐寒、耐热、冬性特强、晚抽薹。适应性广，容易种植，叶特大、厚，油绿有光泽，梗特粗，株型高大，红头，可密植，产量特高，3~28℃均能快速生长旺盛。

（4）春夏菠菜。进口种子。耐抽薹，适于春、夏季播种，5~7月播种不抽薹，叶深绿色，有光泽、肉厚，叶幅宽，植株伸展性好，茎稍粗，生长直立，栽培容易，抗霜霉病，高温期缩叶、卷叶发生少，商品性好。

（5）丹麦王。北京捷利亚种业有限公司产品。叶呈长椭圆形，叶肉厚，有光泽，叶色深绿。植株直立，株型美观，根部颜色鲜艳，鲜红色，商品性好。生长稳定，高温长日照条件下也不易徒长，抽薹晚，产量高，抗病性强，适宜春季至夏季播种。

（6）捷克。北京捷利亚种业有限公司产品。中早熟品种，抽薹晚，用途广，适合加工和市场鲜销用。植株直立，中等大小，叶片三角形，叶片厚，光滑，叶色深绿。早期生长缓慢，不会徒长，生长稳定。根部颜色鲜艳，鲜红色，市场好。适宜温带地区及亚热带地区，春、夏、秋三季种植。

（7）香港全能菠菜。耐热、耐寒，适应性广，冬性强，抽薹迟，生长快，在3~28℃气温下均能快速生长。株型直立，株高30~35厘米，叶片7~9片，单株重100克左右。叶色浓绿，厚而肥大，叶面光滑，长30~35厘米，宽10~15厘米。涩味少，质地柔软。生育期80~110天，抗霜霉病、炭疽病、病毒病。

（8）广东圆叶菠菜。由广东引进，种子无刺，叶卵圆形，耐热力强，

生长快，不耐严寒，在严寒来前要收完。

277. 春菠菜露地无公害栽培如何选种、整地、播种？

春菠菜一般为露地栽培，不加设施，4月中旬至5月中下旬应市，对调剂春淡季蔬菜供应有重要意义。

（1）品种选择要正确。春菠菜播种出苗后，气温低，日照逐渐加长，极易通过阶段发育而抽薹。因此，要选择耐寒和抽薹迟，叶片肥大，产量高，品质好的品种，如晚抽大叶、迟圆叶菠、春秋大叶、沈阳圆叶、辽宁圆叶菠菜等。

（2）整好地，施肥要足。在符合无公害蔬菜生长条件的基地，选背风向阳、肥沃疏松的中性偏微酸性土壤，前茬收获后，清除残根，深翻土壤。整地时每亩施腐熟有机肥4000~5000千克，撒在地面，深翻20~25厘米，耙平做畦，深沟、高畦、窄垄，一般畦宽1.2米左右，并用薄膜将畦土盖好待播种。

（2）播种。培苗要适时，开春后，气温回升到5℃以上时即可播种，湘北地区宜在2月下旬至3月上中旬，播种太早易抽薹，播种太迟，因生长中后期雨水多、温度高，易感染病害，使产量下降。

播种前不需浇底水，选晴天上午播种，每亩用种5~6千克，干籽和湿籽均可。播后用梳耙反复耙表土，使种子耙入土中，然后撒一层火土灰盖籽，盖好后再浇泼一层腐熟人畜粪渣或覆土2厘米左右。

278. 春菠菜露地无公害栽培如何进行田间管理？

（1）防寒保温。前期可用塑料薄膜直接覆盖到畦面上，或用小拱棚覆盖保温，促进早出苗。直接覆盖时，出苗后应撤去薄膜或改为小拱棚覆盖。并加强小拱棚昼揭夜盖，晴揭雨盖，尽量让菠菜幼苗多见光、多炼苗。

（2）追肥浇水。选晴天及时间苗，并根据天气、苗情及时追施肥水。一般从幼苗出土到2片真叶展平前不浇肥、水，前期可用腐熟人畜粪淡施、勤施，进入旺盛生长期，勤浇速效肥，每亩顺水追施硫酸铵15~20千克。以后根据土壤墒情，酌情浇水，保持土壤湿润，一般浇水3~5次。采收前15天要停止追施人畜粪，而改为追施速效氮肥。供应充足氮肥，促进叶片生长，可延迟抽薹，是春菠菜管理的中心环节。

（3）病虫防治。生长中后期温度升高，病虫害易发生。主要病虫害有蚜虫、潜叶蝇、霜霉病等。注意采收前10~15天停止用药。

（4）适时采收。一般播后30~50天，抢在抽薹前根据生长情况和市场需求及时采收。

279. 夏菠菜无公害栽培如何选种、整地、播种？

夏菠菜，又称伏菠菜，因易先期抽薹，品质和产量均不理想，病虫害难以控制，因而栽培难度大，其栽培要点如下。

（1）品种选择。选用华菠一号、联合1号、新急先锋、日本锦丰、北丰等耐热性强、不易抽薹的品种。

（2）整地做畦。每亩施腐熟堆肥 3000~4000 千克，过磷酸钙 30~35 千克，硫酸铵 20~25 千克，硫酸钾 10~15 千克作基肥。深翻整土后做畦宽 1.5 米左右。

（3）播种育苗。5月中旬至7月上旬分期排开播种。种子须经低温处理，可用井水催芽法，即将种子装入麻袋内，于傍晚浸入，次日早晨取出，摊开放于屋内或防空洞阴凉处，上盖湿麻袋，每天早晚浇清凉水一次，保持种子湿润，7~9 天左右，种子即可播种；也可放在 4℃ 左右低温的冰箱或冷藏柜中处理 24 小时，然后在 20~25℃ 下催芽，经 3~5 天出芽后播种。播种前用 48% 毒死蜱（乐斯本）500 倍液或 90% 敌百虫晶体 1000 倍液浇土防地下虫卵。

280. 夏菠菜无公害栽培如何进行田间管理？

（1）遮阳。全程应采取避雨栽培，出苗后利用大棚或中、小拱棚覆盖遮阳网，晴盖阴揭，迟盖早揭，降温保湿，防暴雨冲刷。有条件的最好在长出真叶后于大棚上加防虫网避虫，采收前 15 天去除遮阳网。

（2）浇水。要勤浇水、浇小水、浇清凉水，早晚各一次，随着苗逐渐长大，减少浇水次数，保持土壤湿润。切忌大水漫灌，雨后注意排涝。旺盛生长期，需水量大，应据土壤墒情及时灌水。

（3）追肥。追肥要掌握轻施、勤施、土壤干燥时施、先淡施后浓施等原则。出真叶后及时浇泼一次 20% 左右的清淡粪水，但采收前 15 天应停施粪肥，生长盛期，应分期结合浇水追施速效肥 2~3 次，每亩用尿素或硫酸铵 10~15 千克，或叶面喷施 0.3% 的尿素。每次施肥后要连续浇 5 天清水。

（4）病虫防治。菠菜病虫害多，是无公害栽培的制约因素，除了加强田间管理、做好预防外，应加强炭疽病、斑点病、霜霉病、病毒病、美洲斑潜蝇、螨类、蚜虫等病虫害的防治。严禁使用各类有机磷农药，整个生育期每种药剂使用不超过 2 次，采收前 7 天停止用药。

5. 适时采收。一般播后 25 天，苗高 20 厘米以上时，可开始采收。

281. 秋菠菜无公害栽培如何选种、整地、施肥？

（1）品种选择。秋菠菜播种后，前期气温高，后期气温逐渐降低，光照比较充足，适合菠菜生长，日照逐渐缩短，不易通过阶段发育，一般不抽薹，在品种选择上不很严格。但早秋菠菜宜选用较耐热抗病，不易抽薹，生长快的早熟品种，如犁头菠、华菠1号、华菠3号、联合1号、广东圆叶、春秋大叶等。

（2）整地施肥。在符合无公害蔬菜生产条件的基地，选向阳、疏松肥沃、保水保肥、排灌条件良好、中性偏酸性的土壤。前茬收获后，深翻20~25厘米，清除残根，充分烤晒过白。整地时，每亩施腐熟有机肥4000~5000千克，过磷酸钙25~30千克，石灰100千克，整平整细，做成平畦或高畦，畦宽1.2~1.5米。

282. 秋菠菜如何播种育苗？

（1）播种方式。菠菜一般采用直播，且以撒播为主。早秋菠菜最好在保留顶膜并加盖遮阳网的大、中棚内栽培，或在瓜棚架下播种。

（2）催芽播种。一般在9月至10月，也可早秋播于8月中下旬开始分期分批播种，于9月下旬秋淡期间开始上市。新收种子有休眠期，最好用陈种子。每亩用种10~12千克。可播干种子，但早秋播种因高温期间难出苗，可催芽湿播，即将种子装入麻袋内，于傍晚浸入水中，次日早晨取出，摊开放于屋内或防空洞阴凉处，上盖湿麻袋，每天早晚浇清凉水一次，保持种子湿润，7~9天左右，种子即可发芽，然后播种；也可采用放在4℃左右低温的冰箱或冷藏柜中处理24小时，然后在20~25℃的条件下催芽，经3~5天出芽后播种。

播前先浇底水，然后播种，轻梳耙表土，使种子落入土缝中，再浇泼一层腐熟人畜粪渣或覆盖2厘米厚细土，上盖稻草或遮阳网，苗出土时及时揭去部分盖草。幼苗1.5~2片叶时间拔过密小苗，结合间苗拔除杂草。

283. 秋菠菜如何进行田间管理？

（1）遮阴。幼苗期高温强光照时，于上午10：30~16：30盖遮阳网，阵雨、暴雨前应盖网或盖膜防冲刷，降湿。雨后揭网揭膜。

（2）浇水。幼苗期处于高温和多雨季节，土壤湿度低，要勤浇水、浇小水、浇清凉水，早晚各一次，随着苗逐渐长大，减少浇水次数，以保持土壤湿润为原则，切忌大水漫灌，雨后注意排涝。在连续降雨后突然转晴的高温天气，为防菠菜生理失水引起叶片蜷缩或死亡，应在早晚浇水降温。到幼苗长有4~5片叶时，进入旺盛生长期，需水量大，要据土壤墒情及时灌水。一般在收获前灌水3~4次。

（3）追肥。追肥应早施、轻施、勤施、土面干燥时施、先淡施后浓施。

阵雨、暴雨天，或高温高湿的南风天不宜施。前期高温干燥，长出真叶后宜泼浇 0.3% 的尿素水，天气较凉爽时，傍晚浇泼一次 20% 左右的清淡粪水，以后随着植株生长与气温降低，逐步加大追肥浓度。但采收前 15 天应停施粪肥，生长盛期，应分期追施速效性化肥 2~3 次，每亩追尿素 10~15 千克，或硫酸铵 20~25 千克。

284. 秋菠菜如何进行病害防治？

（1）猝倒病防治。可用 20% 甲基立枯磷乳油 1000 倍液，或 50% 拌种双粉剂 300 克对细干土 100 千克制成药土撒在直播的种子上覆盖一层，然后再盖土。出苗后发病的可喷洒 72.2% 霜霉威盐酸盐（普力克）水剂 400 倍液，或 64% 噁霜灵（杀毒矾）可湿性粉剂，或 15% 噁霉灵水剂 450 倍液。

（2）霜霉病防治。可选用 80% 或 90% 三乙膦酸铝（疫霉灵）可湿性粉剂 500 倍液，70% 乙膦铝·锰锌可湿性粉剂 400 倍液，72% 霜脲·锰锌可湿性粉剂 600~800 倍液等防治，5~7 天一次，连防 2 次。注意采收前 10~15 天停止用药。

285. 越冬菠菜无公害栽培如何选种、整地、播种？

越冬菠菜一般 9 月下旬至 11 月上旬播种，若利用大棚进行越冬栽培，播期可延后到 11 月中下旬。播种早晚与幼苗越冬能力、收获时间和产量有密切关系，不可过早也不宜过晚。菠菜在冰冻来临前有 4~5 片叶最好。

（1）品种选择。越冬菠菜栽培，因易受到冬季和早春低温影响，开春后，一般品种容易抽薹。宜选用冬性强、抽薹迟、耐寒性强、丰产的中熟或晚熟品种，如圆叶菠、迟圆叶菠、全能菠菜、急先锋菠菜等。

（2）整地。施肥在符合无公害蔬菜生产条件的基地，选背风向阳、土质疏松肥沃、排水条件好、中性偏微酸性土壤。前茬收获后，及时清洁田园，结合耕翻土地，施足基肥，一般每亩施 5000 千克腐熟有机肥，过磷酸钙 25~30 千克。深翻 20~25 厘米，再刨一遍，使土粪肥拌匀。畦面整平整细，做成 1.2~1.5 米宽的高畦。

（3）播种育苗。露地栽培宜播干籽和湿籽，一般不需播发芽籽。大棚越冬栽培，最好播湿籽，用温水浸泡 10~12 小时，或用冷水浸 20~24 小时，浸种时应经常搅拌，并需更换浸种水。播种时天气干旱，应先打透底水，如天气较湿润，则不需浇底水。均匀撒播种子，再轻梳耙表土，使种子落入土缝，浇泼一层 15%~20% 的腐熟人畜粪渣盖籽，再覆盖一层疏松的营养土。注意保持土壤湿润至齐苗。每亩用种量为 4~5 千克左右，晚播的适当增加。

286. 越冬菠菜无公害栽培如何进行田间管理？

（1）间苗。若苗过密，到 2~3 片真叶时第一次疏苗，以后每隔 7 天左右间苗一次，最后定苗以苗距 10 厘米 × 10 厘米为宜，若以小苗上市，在定苗时可增加密度。

（2）保温。防寒露地菠菜在霜冻和冰雪天气，注意及时覆盖塑料薄膜和遮阳网，浮面覆盖和小拱棚覆盖均可。大棚越冬栽培的播期较迟，气温较低，播后应注意保温和保湿，播后覆盖薄膜，保持温度 15~20℃，夜间不低于 10℃，待幼苗出土，应及时除去薄膜，换成小拱棚。

（3）肥水管理。露地菠菜，在疏苗时，根据苗情和天气，结合灌水追一次肥，每亩施硫酸铵 10~15 千克。越冬前浇"冻水"，并每亩施大粪稀水 1000~1500 千克。越冬期控肥控水。早春气温回升后，心叶开始生长时灌返青水，对小苗越冬的菠菜，应选晴天及时追施腐熟淡粪促长，防止早抽薹。一般在收获以前灌水 3~4 次，追肥 2 次，每次每亩追施硫酸铵 15~20 千克。

大棚菠菜，生长前期以勤施薄肥为好，常用 20% 人粪尿每隔 3~5 天于晴天早晚施一次，中后期追施浓度为 40% 的人粪尿，采收期不宜使用人粪尿，而改用尿素等对水后施用。注意在大棚栽培中不宜使用碳铵，以免伤（烧）苗。

287. 越冬菠菜无公害栽培如何进行病虫防治？

主要病虫害有霜霉病、炭疽病、病毒病及蚜虫等，在搞好预防的基础上，霜霉病可选用喷 58% 甲霜灵·锰锌可湿性粉剂 400~500 倍液，72% 霜脲·锰锌可湿性粉剂 600~800 倍液；炭疽病可喷 50% 甲基硫菌灵可湿性粉剂 500 倍液，80% 炭疽福美可湿性粉剂 800 倍液；病毒病可喷高锰酸钾 1000 倍液，菇类蛋白多糖（抗毒剂 1 号）300 倍液；蚜虫可用 50 9/6 抗蚜威（辟蚜雾）可湿性粉剂 2000~3000 倍液等防治。注意采收前 7 天停止用药。

288. 夏播菠菜如何破种？ 如何低温处理？

菠菜种子是胞果，其果皮的外层有一层薄壁组织，可以通气和吸收水分，而内层是木栓化的厚壁组织，通气和透水困难。据试验，除去果皮的菠菜种子较未去果皮的发芽率和发芽势均有所提高。菠菜种子在高温条件下发芽缓慢，发芽率较低，在 25℃发芽率约 80%，发芽日数约 4 天；30℃时发芽率约 70%，发芽日数约 4 天；35℃发芽率仅 20%，发芽日数 8 天。为此，有许多地方在早秋播种时，常先进行种子处理。

（1）破种处理。如在播种之前将聚合在一起的种子搓散，除去种子上的刺，然后浸种催芽，有利于种子发芽，出苗又整齐又快，比干种子直播早出苗 3~5 天。

（2）低温处理。许多地方在早秋播或夏播进行种子处理时，用凉水浸种 12 小时，放在 4℃的冷库或冰箱冷藏室里处理 24 小时，而后在 20~25℃条件下催芽。也可将浸种后的种子吊在水井的水面上催芽。3~5 天出芽后播种。

289. 如何防治保护地菠菜炭疽病？

菠菜炭疽病主要为害菠菜叶片和茎部，叶片染病初生浅黄色的污点，逐渐扩大为圆形或椭圆。茎部病斑梭形或纺锤形，其上密生黑色轮纹状排列的小粒点形灰褐色病斑。防治措施如下：

（1）农业防治。实行与其他蔬菜轮作 3 年以上；选用无病种子，从无病地或无病株上采种，或在播前种子用 52℃温水浸种 20 分钟，捞出后浸入冷水中冷却，再晾干播种；合理密植，及时间苗和雨后排水，避免大水漫灌，平整土地时需要挖好排水沟，做到地里不积水，雨后或浇水后加强松土；加强放风，降低湿度；施足肥料，要施腐熟有机肥，适时追肥，增施磷、钾肥；及时将病叶、病残体清除出田外深埋或烧毁。

（2）生物防治。发病初期，可喷雾 2% 嘧啶核苷类抗菌素（农抗 120）水剂 200 倍液，5~6 天 1 次，连喷 3~4 次，并结合放风排湿。

（3）喷粉尘。保护地可选用 5% 灭霉灵粉剂，5% 百菌清粉剂等喷粉，每亩每次喷 1 千克，7 天 1 次，连喷 3~4 次。

（4）化学防治。发病初期，可选用 50% 灭霉灵可湿性粉剂 800 倍液，80% 炭疽福美可湿性粉剂 800 倍液，40% 拌种双可湿性粉剂 500 倍液，50% 甲基硫菌灵可湿性粉剂 500 倍液，70% 甲基硫菌灵可湿性粉剂 1000 倍液加 75% 百菌清可湿性粉剂 1000 倍液，40% 多·硫悬浮剂 600 倍液等喷雾，7 天 1 次，连喷 3~4 次。注意采收前 10~15 天停止用药。

290. 怎样防治菠菜霜霉病？

菠菜霜霉病只为害菠菜，是菠菜重要的病害。主要为害叶片，病斑初呈苍白色或淡黄绿色的小点，边缘不明显，扩大后呈不规则状。病叶由植株下部向上部发展，干旱时病叶枯黄，湿度大时，叶背病斑上产生灰白色霉层、后变为灰紫色，多腐烂，严重时病斑相互联结，叶片变黄枯死。有的菜株呈萎缩状。该病防治技术如下：

（1）农业防治。重病区实行与其他蔬菜轮作 2~3 年；早春在菠菜田内发现系统侵染的萎缩病株，应及时拔除，并携出田外烧毁；从无病地或从无病株上采种；施腐熟有机肥，增施磷、钾肥；栽培密度适当，雨天及时排水，保护地加强放风，做到晴天浇水，雨天、阴天不浇水，不大水漫灌，保护地菠菜浇水后加强放风和松土，降低田间湿度。

（2）烟熏。防治保护地菠菜用烟剂烟熏，发病前，可用30%或45%百菌清烟剂，每亩用药200~250克，傍晚棚室密闭烟熏；发病初期，可用15%百菌清烟剂，每亩用药250克，隔7天熏1次，连熏3~4次。

（3）化学防治。发病初期，可选用1∶1∶300波尔多液，80%或90%三乙膦酸铝（疫霉灵）可湿性粉剂500倍液；70%乙膦铝·锰锌可湿性粉剂400倍液；58%甲霜灵·锰锌可湿性粉剂500倍液；72.2%霜霉威盐酸盐（普力克）水剂800倍液；72%霜脲氰·锰锌（克露）可湿性粉剂600~800倍液；64%噁霜灵（杀毒矾）可湿性粉剂500倍液；75%百菌清可湿性粉剂600倍液等喷雾，隔7~10天左右1次，连续防治2~3次。

注意采收前10~15天停止用药，如在生长后期发病，应及时采收上市，不要喷药。

291. 怎样防治菠菜病毒病？

菠菜病毒病，又叫花叶病。该病主要靠蚜虫（特别是桃蚜）传播，其次是通过机械和接触传播。植株被害后，从病株心叶开始出现叶脉褪绿，以后心叶萎缩呈花叶，老叶提早枯死脱落，植株蜷缩成球状。黄瓜花叶病毒侵染，叶形细小，畸形或缩节丛生，新叶黄化。黄瓜花叶病毒侵染，叶片形成不规则的深绿和浅绿相间花叶，叶缘上卷。甜菜花叶病毒侵染，明脉或新叶变黄，同时产生斑驳或向下卷曲。被复合式病毒侵染，有的叶片上出现坏死斑，严重时，心叶枯死，有的植株明显矮化。防治措施如下：

（1）发病前或发病初期，可选用高锰酸钾1000倍液，菇类蛋白多糖（抗毒剂1号）300倍液，细胞分裂素600倍液等喷雾，10天喷1次，连喷4~5次。

（2）发病前或发病初期，及时选用20%盐酸吗啉胍·铜（病毒A）可湿性粉剂500倍液，1.5%三十烷醇·硫酸铜·十二烷基硫酸钠（植病灵）乳油800~1000倍液，5%菌毒清水剂300倍液等喷雾，7~10天1次，连喷2~3次。但由于菠菜生长时间短，一般发病后很少用药，关键在于幼苗期治蚜，搞好预防。

（3）及时灭蚜。可选用50%抗蚜威（辟蚜雾）可湿性粉剂2000倍液；25%唑呀威乳油2000倍液；20%溴氰菊酯乳油2000~3000倍液；10%吡虫啉可湿性粉剂2000~3000倍液等喷雾，注意药剂交替使用，10~15天1次，连喷2次。

292. 如何防治菠菜菜粉蝶？

菜粉蝶，别名菜白蝶、白粉蝶，幼虫称菜青虫，是叶菜类的主要害虫。

可以为害油菜、菠菜、甘蓝、花椰菜、白菜、萝卜等十字花科蔬菜。初孵幼虫啃食叶肉，留下一层透明的表皮。食量大，轻则虫口累累，重则仅剩下叶脉，幼苗受害严重时，整株死亡。防治方法如下：

（1）农业防治。清洁田园，清除田间枯枝残体以及周边杂草。尽可能避免十字花科蔬菜连茬。合理密植，施用酵素菌沤制的或充分腐熟的农家肥，增施磷钾肥。

（2）生物防治。保护与利用天敌，如释放寄生蜂等。采用细菌杀虫剂，如 B.t. 乳剂或青虫菌 500~800 倍液喷雾防治。

（3）诱杀成虫。利用成虫多在禾谷类作物叶上产卵习性，可在田里插谷草把或稻草把，每亩 60~100 个，每 5 天更换新草把，把换下的草把集中烧毁。或用黑光灯诱杀成虫。

（4）生理防治。可采用昆虫生长调节剂，如灭幼脲一号（伏虫脲、除虫脲、氟脲杀、二氟脲、敌灭灵）或 20%、25% 灭幼脲三号胶悬剂 500~1000 倍液，此类药剂作用缓慢，通常在虫龄变更时才使害虫致死，应提早喷洒。

（5）化学防治。在卵孵化高峰期和幼虫 3 龄前喷施，可选用 50% 辛硫磷乳油 1000 倍液，44% 氯氰·毒死蜱（速凯）乳油 1000 倍液，52.25‰氯氰·毒死蜱（农地乐）乳油 1000~2000 倍液，15% 茚虫威（安打）悬浮剂 3500~4000 倍液等药剂喷雾，隔 10~15 天喷 1 次，连喷 2~3 次。注意药剂应交替使用，防止抗药性产生。

293. 如何防治菠菜甜菜夜蛾？

甜菜夜蛾，别名贪夜蛾，属于鳞翅目夜蛾科。该虫可为害青椒、茄子、马铃薯、黄瓜、西葫芦、胡萝卜、芹菜、菠菜、韭菜等多种蔬菜及其他植物 170 余种。一年发生 6~7 代，世代重叠，一般以 8 月中旬至 9 月中旬虫口密度高。以幼虫为害叶片，初孵幼虫群集叶背，吐丝结网，在其内取食叶肉，留下表皮，呈透明的小孔。3 龄后可将叶片吃成孔洞或缺刻，严重时仅余叶脉和叶柄。防治方法如下：

（1）农业防治。秋末初冬耕翻甜菜地可消灭部分越冬蛹；春季 3~4 月除草，消灭杂草上的初龄幼虫。

（2）人工摘卵。卵块多产在叶背，其上有松软绒毛覆盖，易于发现，且 1、2 龄幼虫集中在产卵叶或其附近叶片上，结合田间操作摘除卵块，捕杀低龄幼虫。

（3）生物防治。可选用 100 亿孢子/克杀螟杆菌粉剂 400~600 倍液，100 亿孢子/克青虫菌粉剂 500~1000 倍液，气温 20℃以上，下午 5 时左右或阴天全天喷施。

（4）诱杀成虫。在田里插稻草把，每亩 60~100 个，每 5 天更换新草把，把换下的草把集中烧毁。也可在种植田架设黑光灯诱杀成虫。

（5）化学防治。可选用 90% 晶体敌百虫 1000 倍液；5% 氟啶脲（抑太保）乳油 3500 倍液；20% 除虫脲（灭幼脲 1 号）：胶悬剂 1000 倍液；2.5% 高效氟氯氰菊酯（保得）乳油 2000 倍液；50% 辛硫磷乳油 1500 倍液；70% 吡虫啉（艾美乐）水分散颗粒剂 10000~15000 倍液；48% 毒死蜱（乐斯本）乳油 1000~1500 倍液；5% 氟虫脲（卡死克）乳油 1000~2000 倍液等喷雾防治。于 3 龄前，选择晴天、日落前后田间喷药；对于田间及周边杂草较重的田块，还应做到内外、垄上、垄下全面用药，以达到彻底防治的目的。

294. 如何防治菠菜潜叶蝇？

菠菜潜叶蝇又名藜草蝇，其幼虫俗称菠菜蛆，属双翅目潜蝇科。分布较广，局部地区为害比较重。主要为害菠菜、萝卜和甜菜。主要以幼虫钻蛀叶肉组织，幼虫潜在叶肉内取食叶肉，仅留上下表皮，呈块状或由细变宽的蛇形弯曲隧道，多为白色，有的后期变成铁锈色。一般在叶肉内有 1~2 头蛆及虫粪，白色隧道内交替排列湿黑色线状粪便，使菠菜失去商品价值及食用价值，严重时，叶片在短时间内就被钻花干枯。防治方法如下：

（1）农业防治。提早收获根茬越冬菠菜，一定要在谷雨前全部收完，以减少越冬代成虫产卵。深翻土地，收获后要及时深翻土地，既利于植物生长，又能破坏一部分虫入土化蛹，可减少田间虫源。施足底肥，施用充分腐熟的粪肥，避免使用未经发酵腐熟的粪肥。

（2）诱杀。悬挂 30 厘米 ×40 厘米大小的橙黄色或金黄色黄板涂黏虫胶、机油或色拉油，诱杀成虫。也可以诱杀剂点喷部分植株。诱杀剂以甘薯或胡萝卜煮液为诱饵，加 0.5% 敌百虫为毒剂制成，每隔 3~5 天点喷 1 次，共喷 5~6 次。或采用灭蝇纸诱杀成虫，在成虫始盛期至盛末期，每亩设置 15 个诱杀点，每个点放置 1 张诱蝇纸诱杀成虫，3~4 天更换 1 次。

（3）化学防治。菠菜生长期短，应考虑农药残留问题，选择残效短，易于光解、水解的药剂，用药应抓住产卵盛期至卵孵化初期的关键时刻。可选用 1.8% 阿维菌素（虫螨克）乳油 2500~3000 倍液；50% 环丙氨嗪（蝇蛆净）乳油 2000 倍液；50% 灭蝇胺乳油 4000~5000 倍液；5% 氟虫脲（卡死克）乳油 1000~1500 倍液；48% 毒死蜱（乐斯本）乳油 2000 倍液；50% 辛硫磷乳油 1000 倍液；10% 吡虫啉可湿性粉剂 1500 倍液；80% 敌百虫可溶性粉剂；5% 氟啶脲（抑太保）乳油 2000 倍液；90% 晶体敌百虫 1000 倍液等喷雾防治。注意在采收前 10~15 天停止用药，并与防治蚜虫相结合，轮换用药。

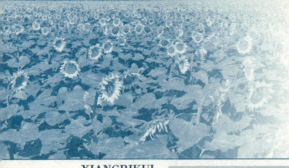

十四、向日葵

295. 向日葵的生长分为哪几个生理阶段？

向日葵的生长周期大体可分为 3 个生长发育阶段：营养生长阶段（从播种到花序形成主要进行营养生长）；营养生长和生殖生长并进的阶段（从形成花序到开花，营养生长和生殖生长同时进行）；生殖生长阶段（从开花到籽粒成熟，以生殖生长为主）。全生育期又可划分为苗期、现蕾期、花蕾期、盛花期、生理成熟期、收获期等若干个生育时期。

（1）播种至出苗期。春播需 7~20 天，根据出苗率可大致确定植株密度。

（2）出苗至第 1 对真叶期。一般需 5~10 天。

（3）第 1 对真叶至现蕾期。此期为幼苗根系生长的重要时期，幼苗根系对土壤结构反应灵敏。植株此期还分化了大量的叶原基及花原基。

（4）现蕾至开花盛期。此期吸收矿物质的速度很快，积累干物质最多（每亩每天可达 13.3 千克）。开花中期，植株已积累全部干物质的 70%~80%，但尚无油分积累。

（5）开花盛期至生理成熟期需 30~60 天。此期生长减缓，花盘成为营养运输库，同化产物大量向花盘运输，油分开始形成和积累，种子干物质增加，水分减少，当种子含水量减少到 28% 左右时种子便在生理上成熟了。此期对菌核病十分敏感。

（6）生理成熟至收获期。时间大约为 10 天，此期干物质增加缓慢，脂肪和蛋白质进一步积累。

296. 向日葵为什么要实行轮作制度？

向日葵根系发达，吸肥能力很强，连作会消耗大量养分，造成土壤营养失调，而且病害严重，植株矮小，形成早衰，花盘小，籽粒瘪，导致减产，所以要实行轮作。向日葵适应性强，对前茬要求不严格。但作为向日葵的前茬作物，有些非中耕作物好于中耕作物，豆科作物好于谷类作物。

春播向日葵是禾谷类作物的良好前作。有些地区反映向日葵拔地力，属于冷茬，主要原因是种植向日葵施肥少甚至不施肥，后作施肥也很少，造成地力亏损。解决的办法是：增施粪肥，特别是钾肥，提早深耕，防旱保墒，种植绿肥，以恢复地力。

297. 向日葵高产田要求什么样的土壤条件？

生产实践表明，向日葵不仅能够很好地生长在排水良好的土壤，而且也能够成功地栽培于经过适当改造保水性好的重黏质土壤。沙土地由于保水性能差，所以一般不宜种植。但是如果有良好的灌溉条件，种植向日葵同样可以获得高产。向日葵在 pH 值为 5.7~8.0 的土壤均能适应，但最佳的土壤 pH 值为 6~7.2。

298. 如何进行土壤的耕整工作？

向日葵对土壤虽然要求不严，但种植在土层深厚，腐殖质含量高，结构良好、保水保肥性能好的黑钙土、黑土以及肥沃的冲积土、沙壤土和深耕精细整地的田块则产量高，增产潜力大。试验表明，播前深耕的油用向日葵主侧根均较未深耕的田块长 5~10 厘米，而且表现苗期耐旱，生长快，长势强，耕层内蛴螬、蝼蛄等害虫数量也比未耕的少 50%~70%，杂草也大大减少。

可见播前深耕是获得向日葵高产的一项重要措施。

299. 向日葵有哪几种播种方法？

目前向日葵播种方法主要有两种：一是平播，二是垄播。两者都属于垄作栽培，其差别只是播时种上垄还是种下垄的问题。实践证明，机械平播产量不低于垄播，春旱地区平播明显增产，其原因在于平播有利于防旱保墒，一次播种出全苗。平播可以减少机械作业次数，降低成本。从系列化作业来看，平播更优于垄播。因此，绝大多数地区都可以大力推广机械平播后起垄的措施。

向日葵最好东西向播种，因为收获时，其花盘的方向绝大多数都向东倾斜，有利于机械收获。

正确掌握播种深度，对实现全苗、齐苗关系很大。播种深度应根据土壤质地、墒情来确定。黏地、盐碱地，播种深度以 3~4 厘米为宜；在干旱地区沙性过大的土壤，播种可以深达 6~7 厘米。

300. 如何进行向日葵的科学施肥？

向日葵是一种需肥较多的作物。据测定，每生产 50 千克葵花籽需要从土壤中吸收纯氮 2.3~3 千克，五氧化二磷 1.3~1.5 千克，氧化钾 9.3~15 千克。

向日葵在不同的生育期，吸收氮、磷、钾的速度和数量都有显著的差别。幼苗期植株小，吸收营养物质少，但必须满足其生长需要，才能保证壮苗。向日葵的花盘形成至开花期，吸收营养物质约占全部营养物质的3/4。开花后至成熟期间吸收营养物质占全部营养物质的1/4左右。一般出苗至花盘形成期间需要磷素较多，花盘形成至开花末期需要氮素最多，而花盘形成至蜡熟期吸收钾素最多。实践表明：在播前每亩同时一次施入氮、磷、钾全肥各16.5千克，向日葵种仁含油量为46.7%~47.8%；如果把1/3的氮素在播种前施入，把其余2/3氮肥作追肥使用，则种仁含油量增加到52.8%~55.4%，同时种子产量也提高了。因此，向日葵施肥应注意施全肥，前期以磷肥为主，中后期需肥增多，以氮、钾为主。正确的施肥技术，除根据向日葵吸收营养物质的特点、土壤性质、降水情况等有关因素外，还必须考虑施肥数量、肥料种类及质量等条件，确定适宜的施肥数量、施肥次数和时期，以充分发挥肥料的增产作用。

301. 向日葵施足底肥有什么作用？

用作底肥的肥料多以家畜粪、禽粪、人粪尿、堆肥、绿肥和土杂肥等有机肥料为主。向日葵植株高大，需要养分要比一般作物多。因此，肥料多少就会直接影响它的生长、发育和产量形成，而且与油分的形成也有密切的关系。实践证明，向日葵越是种在薄地上，施肥的效果越明显。人们在生产中往往将向日葵种在薄地上，因此，施足底肥和合理施肥显得更为重要。根据油用向日葵生育期短，前期生长迅速，需肥量大的特点，底肥应占总需肥量的60%左右，可结合深翻整地，在每亩施优质农家肥3000~5000千克的基础上，再施碳酸氢铵20~30千克、磷肥15~20千克。施用方法主要有撒施和条施两种。

农家肥数量少的地方，可以在施足种肥的基础上，采取分段隔年轮施底肥的方法，逐年培肥地力，或结合大垄栽培套种绿肥作物。

302. 向日葵为什么要重施种肥？

种肥可供给苗期生长所需养分，对苗期的生长发育有良好作用。施底肥较少的夏播向日葵，施用种肥还可弥补底肥的不足。向日葵苗期需磷肥较多，在播种时，以磷肥作种肥，每亩施用含磷量19.5%过磷酸钙30~40千克，增产效果显著。磷肥质量不同，增产效果也不一样。磷肥集中条施或穴施，既能减少与土壤接触，减轻固定作用，又能靠近向日葵根系，借根部分泌的有机酸作用，提高利用率。向日葵生育后期需要大量钾肥，在播种时用钾肥作种肥，每亩施用硫酸钾30千克，增产效果明显。播种时，适量施用氮肥作种肥，每亩施用碳酸氢铵 20 千克，其增产效果也较明显。如果实行磷（过磷酸钙 40 千克）、钾肥（硫酸钾 15 千克）配合或氮（碳酸氢铵 30 千克）、磷肥（过磷酸钙 40 千克）配合，其增产效果尤为突出。建议施用复合肥作种肥。

303. 向日葵为什么要适期追肥？

向日葵是一种需肥较多的作物，单靠底肥和种肥，不能充分满足现蕾开花和生育后期的需要。特别是夏播向日葵，在底肥不足或不施底肥的情况下，追肥更为重要。

追肥应以速效性氮肥为主。以深施为佳，据试验，硝酸铵、尿素等氮素化肥，浅追覆土 3 厘米的吸收利用率一般只有 30% ~40%，肥力维持15~20 天；而深施覆土 10 厘米的吸收利用率可达 80% 左右，肥力可维持35~40 天。可在现蕾期每亩深施碳酸氢铵 35~40 千克作追肥，增产效果明显。但是，氮肥过多，施用时期不当，且采用地表撒施，则茎叶徒长、贪青晚熟，病害较重，千粒重低。定苗以后，或在形成花盘以前，追施磷肥（过磷酸钙 20 千克）、钾肥（硫酸钾 15 千克）增产效果也较明显。

向日葵对土壤缺硼临界值为 0.5 毫克 / 千克，施硼增产 10% 左右，硼肥还对增加千粒重和提高脂肪、粗蛋白含量有极大作用，缺硼地区应注意施硼。

304. 向日葵怎样合理密植？

向日葵植株高大，根深叶茂，生长迅速，实行合理密植是保证增产的中心环节。目前世界各国在栽培密度问题上，是向小株密植的方向发展，不过分强调单株产量，而是依靠群体增产，其理论依据主要有以下 3 条：①充分利用光能，提高单位面积产量。②把氮素消耗于形成茎叶，提高种子含油率。③减少空壳率，降低皮壳率。种植密度越稀，花盘直径越大，空壳瘪粒越多，皮壳率也随之增加；而适当缩小单株营养面积，实行小株合理密植，结头小、头数多、籽粒饱满、皮壳少。

向日葵合理密植，与品种、土壤、气候、施肥、灌水等栽培条件和环境条件密切相关，加之向日葵既可零星种植，又可以单种或与豆类、瓜类等低秆作物间作套种，所以很难有一个统一密度标准。但也有一定规律可循：①肥力均匀的好地宜稀，每亩 2500 株；山坡地宜密，每亩 2800 株。②高秆品种（株高大于 200 厘米）宜稀，每亩 1800~2000 株；矮秆品种宜密，每亩 4000~5000 株；次高秆品种（株高 120~200 厘米）密度为每亩2700~3000 株。③褐斑病严重的地区，密度应适当稀一些；而感病轻的地

方，密度适当加大一些。

305. 向日葵为何要及时打杈？

随着植株生长和花盘形成，有些向日葵品种常从茎秆的中上部叶腋里生出许多分枝，这些小分枝虽然也能形成花盘，但由于营养分散而不足，花盘长不大，籽粒不成熟，空壳较多，主茎花盘也因分枝多而不能很好发育。及时打杈，可以避免养分消耗，保证主茎花盘籽粒饱满。打杈要及时，要用快刀，注意避免伤及茎皮。向日葵叶子是制造养分的主要器官，饱满种子数与叶面积和总产量之间存在相关性。因此，向日葵一般不要打叶，只有当授粉过程已结束、生长过于繁茂、锈病或叶斑病发生蔓延的情况下，适当打掉下部的老黄叶、感病叶，以改善通风透光条件，对增产才是有利的。

306. 向日葵如何做好人工辅助授粉？

向日葵要做好人工辅助授粉和放蜂工作，才能提高结实率。向日葵是典型的异株异花授粉作物，又是虫媒授粉作物，完全依靠昆虫辅助来完成花粉传送，一般自花授粉率极低，空壳现象比较普遍，约占30%，多的达50%以上，甚至整个花盘都是瘪粒。可采取以下几项措施提高向日葵的结实率。①利用蜜蜂授粉，是减少向日葵空壳率，提高产量的经济有效措施。一般可提高产量34%~46%。②实行人工辅助授粉。实行人工辅助授粉可使空壳率降低50%，产量增加48%。没有授粉的柱头在开花后10天仍有受精能力，花粉受精能力最强的时期是在最初2~3天内，所以人工辅助授粉时期，应在向日葵进入开花期（整个田块有70%的植株开花）后2~3天内进行第1次授粉，以后每隔3~4天一次，共授粉2~3次。授粉时间过早露水未干，花粉黏结成块，影响授粉效果，中午天气炎热，花粉生活力弱，效果也不好。应在上午露水干了以后进行授粉，到中午11时前结束。授粉方法，以软扑授粉法最佳。③适时夏播、提高自花授粉的结实率。向日葵自花授粉结实率与开花时的温度有密切关系，在气温不高于20℃时，也可以自花授粉结实。

307. 向日葵主要病害有哪些？

向日葵病害种类很多，危害较重。目前向日葵主要病害有褐斑病、黑斑病、菌核病、锈病、黄萎病、灰腐烂病、霜霉病和浅灰腐烂病等。

308. 如何防治向日葵褐斑病？

褐斑病又名斑枯病，是一种发生面广，危害严重的病害。发病症状从苗期到开花期植株叶片上均可见到病斑，苗期叶片上出现黄褐色小圆斑，成株叶片上病斑扩大，连接成片，正面褐色，背面灰白色，最大病斑可达15~20毫米，呈圆形或不规则多角形，周围有黄色晕圈。发病严重时病斑相连，整个叶片枯死。其防治方法有以下几点：①选育抗病品种。②及时处理病残体和自生苗。③调整播期，减轻危害。④选地倒茬。⑤合理密植，科学施肥。⑥药剂防治，可用硫菌灵 1000 倍液、石灰等量波尔多液（硫酸铜、石灰、水的配比为 1：1：200）、65%代森锌 500~700 倍液等进行防治。

309. 如何防治向日葵黑斑病？

黑斑病又名叶疫病，发生面较广，危害也很重。此病主要发生于向日葵叶片、茎秆和花托上。发生于叶片上的病斑呈圆形，直径 5~20 毫米，暗褐色，并具同心轮纹，上面有淡黑色的霉状物即病原菌的子实体。茎秆上的病斑呈梭形，较大，暗褐色，往往互相连接。花托上的病斑也呈圆形，稍凹陷，直径 5~15 毫米。该病同叶枯病很相似，其唯一区别是叶枯病的病斑中央呈灰白色。当黑斑病发生严重时，将导致叶片枯死。其防治方法同向日葵褐斑病。

310. 如何防治向日葵菌核病？

菌核病又名白腐病，是向日葵的主要病害之一。一般花盘发病主要是由该菌的子囊孢子侵染引起的，花盘背面出现水渍状褐色病斑，若条件适宜，病斑迅速扩大，花盘腐烂。如果在土壤中菌核发芽产生菌丝，可侵染向日葵根，造成立枯状枯死。子囊孢子在茎上发芽侵染引起茎腐。防治向日葵菌核病应以预防为主，从各方面设法不让病原菌进入土壤，应抓好以下几点：①消除病残体。②实行轮作倒茬。③选育抗病、耐病品种。④药剂防治。用 40%纹枯利 800~1000 倍液，在向日葵现蕾前或在盛花期，喷洒植株的下部和花盘的背面 1~2 次；用 50%托布津可湿性粉剂 1000 倍液，在向日葵现蕾前或在盛花期喷洒 1~2 次；用 50%速克灵 500~1000 倍液，在苗期或开花期喷洒，防治效果可达 80%以上。

311. 如何防治向日葵锈病？

该病发生较为普遍，是向日葵产区的主要病害之一，严重时减产可达90%以上。发病初期叶片两面发生褐色斑点，以后多于叶背面长出枯黄色疱状斑，后期变为黑褐色，中下部叶片发病较重。其防治方法应采取以选用抗锈病品种为主，药剂防治和栽培措施为辅的综合措施。药剂防治具体如下：发病初期喷洒 15% 三唑酮可湿性粉剂 1000~1500 倍液；50% 萎锈灵乳油 800 倍液、50% 硫磺悬浮剂 300 倍液；25% 敌力脱乳油 3000 倍液；25% 敌力脱乳油 4000 倍液加 15% 三唑酮可湿性粉剂 2000 倍液；70% 代森锰锌可湿性粉剂 1000 倍液加 15% 三唑酮可湿性粉剂 2000 倍液；12.5% 速保利可湿性粉剂 3000 倍液，隔 15 天左右 1 次，防治 1 次或 2 次。

312. 如何防治向日葵霜霉病？

此病是一种危险性和毁灭性的病害，在有利的气候条件下，它能使田间 70% ~80% 的植株枯死，并严重降低种子发芽率和含油量。病菌可侵染植株的根、茎、叶、花、果。病害在田间从幼苗到成株都有症状表现，可引起幼苗猝倒，植株矮化，茎细弱变脆，叶片畸形皱缩或变黄，有的产生局部褪绿斑，不形成花盘或形成小花盘，多不能开花。其防治措施如下：

①选用抗病品种。②制定合理的轮作制度。③拔除病株和消灭自生苗。④药剂防治。苗期或成株发病后，喷洒 58% 甲霜灵锰锌可湿性粉剂 1000 倍液；25% 甲霜灵可湿性粉剂 800~1000 倍液；40% 增效瑞毒霉可湿性粉剂 600~800 倍液；72% 杜邦克露或 72% 克霜氰或 72% 霜脲·锰锌或 72% 霜霸可湿性粉剂 700~800 倍液，对上述杀菌剂产生抗药性的地区可改用 69% 安克·锰锌可湿性粉剂 900~1000 倍液。

313. 向日葵主要虫害有哪些？如何防治？

危害向日葵的害虫种类较多，按其危害类型可分为地下害虫，如蝼蛄、金针虫、地老虎等；苗期害虫，如金龟子、象甲等；向日葵盘籽实害虫，如向日葵螟、棉铃虫等。由于地域和气候条件不同，其发生种类和危害程度也不同。一般苗期害虫发生较为普遍，危害也较严重，故应把重点放在保苗这一关上。各地可根据不同情况采取不同的防治措施。

如普遍发生的小地老虎可采取以下防治措施：①除草灭虫。②诱杀成虫。③药剂防治。每亩可用 2.5% 敌百虫粉 2 千克、90% 敌百虫 100 倍液等药剂防治。④毒饵诱杀。可用 90% 敌百虫 100 克，加水 0.5 升，拌和切碎的鲜草 30~40 千克制成毒饵，傍晚撒在苗株附近。⑤人工捕捉。

对一般地区苗期危害严重的小金龟子可以采取以下办法进行防治：①药剂拌种。采用灵丹粉拌种，药剂为种子重量的 1%。②喷药。可喷洒速灭杀丁乳剂、敌百虫乳油、灭扫利乳油、乐果；40% 甲基辛硫磷乳油等多种杀虫剂。③消灭虫源。在杂草多的地方撒药，以减少虫源。④人工捕杀。

十五、莲藕

LIAN OU

314. 莲藕的生长可分为哪几个时期？

根据莲藕的生长发育规律，一般将莲藕分为萌芽期（幼苗期）、旺盛生长期、结实结藕期 3 个生长发育时期。萌芽期（幼苗期）是从种藕萌发到长出第一片立叶的这一段时期；旺盛生长期是从立叶发生开始，到后把叶出现这一段时期；结实结藕期是从后把叶出现到植株停止生长，叶片枯死的这一时期。目前，也有的人将之分为幼苗期、成苗期、花果期、结藕期、休眠期 5 个时期，并把越冬期（休眠期）也包含在内，其中成苗期是指从立叶出现到开始现蕾这一时期，花果期是指从植株开始现蕾到莲子基本成熟这一时期。

315. 莲藕大田栽培如何选择地块？

应选择那些地势较低、土层深厚、土质疏松、土壤肥沃富含有机质（含量宜在 1.5%~2% 以上）、pH 值适宜、含盐量在 0.2% 以下，保水、保肥能力强，水源充足，灌、排水都比较方便的地方进行莲藕的栽培。

对于那些空气质量状况差，土壤重金属超标、过酸或过碱、漏水比较严重、水源无保障，以及较易受到工业污染的地块等，则不宜选做莲藕栽培用地。

316. 为什么说藕田不宜长期连作？

这是因为藕田长期连作，不仅莲藕容易发生腐败病等病害，而且产量和品种质量会下降，经济效益减少等。莲藕的连作期一般不要超过 3 年。就是 3 年之内连作，每年也应及时将上年老藕的叶、叶柄、花梗等残留物清除，并积极改善土质和采取防病措施，以保证莲藕的产量和品质等。

317. 莲藕田轮作有什么好处？

莲藕田栽最好与水芹、马蹄、慈姑、茭白、水稻等水生植物进行轮作，或进行水旱轮作等。轮作有以下好处：

一是有利于均衡地利用土壤的养分。不同作物从土壤中吸收的各种养分数量和比例不一样，合理轮作则可以使土壤养分能够得到均衡利用。

二是有利于改善土壤的理化性状，调节土壤肥力。

三是有利于减轻莲藕病虫害的发生，同时也能减少杂草的发生。

四是有利于提高莲藕的产量和品质。

318. 莲藕栽植基肥的施用量如何确定？

莲藕基肥施量应根据地块的肥瘦等状况而定，对于产量要求较高的田块，每亩可施腐熟的人畜粪肥 2500~3000 千克，若施鸡鸭粪肥则用量适当减少，或施厩肥 3500 千克左右，或施堆沤肥、绿肥 5000 千克左右。各种农家肥最好配合施用。另外，施三元复合肥 50~60 千克，并可施入些饼肥、复合微生物肥料。尤其是缺锌、硼等元素肥料的地块，还可施入硫酸锌 1.5~2 千克、硼砂 1 千克等。

319. 莲藕田施入适量生石灰有什么作用？

1. 消毒防病。尤其是对预防莲藕腐败病、藕蛆和水绵的发生，具有较好作用。

2. 提供钙质。生石灰含有较多的钙质，而钙质是莲藕生长所需要的营养物质之一，适量施之，能起到满足莲藕对钙质的需要，促进莲藕生长的作用。

3. 调节水质、土质和使过于松软的沤泥变得较为坚实一些。

320. 莲藕一般的栽植时间是怎样的？

福建、广东、广西、云南、海南等地，多在 3~4 月栽植。

321. 大田莲藕栽植对藕种有何要求？

大田莲藕栽植，应根据不同地区、不同茬口和栽植要求等，因地制宜地选择浅水莲藕品种进行栽植。

大田栽植多选用由上年无性繁殖长成的整藕、主藕、子藕等进行栽植。种藕要有完整的顶芽和须根、色泽鲜艳、表皮光滑、藕身健壮、无病无伤，具有明显的品种特征等。

以整藕做种时，每株种藕应具有 3 节完整的藕身，并带 1~2 株子藕，子藕应向同一方向生长，这样可使抽生出来的藕鞭有规律地生长；以主藕（母藕）做种时，藕身应具有 2~3 节，且顶芽健壮、无损伤，后把节较粗等；以子藕做种时，要求有 2 节以上充分成熟的粗壮藕身，且芽旺无损等。

也可栽植由顶芽等经假植培育而长成的莲藕幼苗，或从一些科研单位购买人工培养的试管藕或微型种藕进行栽植等。

322. 留田种藕春季挖栽时要注意哪些事项？

一是挖藕时要小心谨慎，不要挖伤了藕身和藕芽等。

二是藕挖出来后应挑选符合要求者进行栽植。

三是最好随挖、随选、随栽，当天挖出的种藕栽不完时，应洒水覆盖保湿，以防芽头失水干萎等。

323. 在什么情况下宜进行种藕的催芽？如何进行催芽？

一是还不到栽种季节就已经得到种藕或挖出种藕时遇到气温不稳定，这时宜将种藕放在温暖的室内进行催芽，并当季节适宜或温度稳定后，再将带芽的种藕栽植于大田中。

二是为了提高藕种的成活率，减少由于栽植时温度较低，萌生时间长而造成的烂芽缺株等，也可进行室内催芽。

三是为了提早栽植和使藕早长成、早上市，也应进行催芽。

四是早熟品种栽植，一般是先催芽后栽植。

催芽的方法是：将种藕置于室内，底铺稻草，堆高 50~70 厘米，最后再在藕堆上覆以稻草，每天洒水 1~2 次，保持湿润。室内温度保持在 20~25℃。当藕芽长至 10 厘米左右，即可于温度适宜的晴好天气进行栽植。

324. 大田莲藕的栽植密度是怎样的？

大田莲藕的栽植密度，因品种、种藕大小、土壤肥力状况，以及藕收获上市时间等的不同而不同。一般是：早熟品种比晚熟品种栽得密；用小藕、子藕等做种比用大藕、整藕做种栽得密；瘦田比肥田栽得密；早种早上市的比晚种晚上市的栽得密。

目前，从全国各地的栽植情况来看，田藕的栽植密度一般为行距 1.5~2.5 米，株距 0.5~2.0 米。每穴栽植整藕或主藕 1~2 株，或子藕 2~4 株等。

325. 种藕排放的一般原则是什么？

大田栽植，种藕排放的一般原则是：田块四周边行定植穴内的藕头一律指向田内，以防莲鞭生长时伸出埂外，田内定植行分别从两边相对排放，至中间两条对行间的距离加大，行与行之间各株相互错开，这样可使莲鞭在田内分布均匀，避免拥挤。

326. 何谓种藕的藏头露尾栽植法？

种藕的藏头露尾栽植法，也称斜栽法，是目前种藕栽植中最普遍采用的方法。栽植时，先用工具刨开或用手扒出一条斜形沟，沟的长度视藕身的长度而定，栽植时藕头入泥土深一般为 10~15 厘米，并与地面成 20°~25° 的夹角，后把梢翘出泥土面。这样栽植可使萌发、抽生的地下茎正好在较肥的土层中生长和防止地下茎长出泥外，并且可使藕身接近阳光提高自身温度，促进早发。

327. 在什么情况下宜进行种藕的平栽？

如果藕田土壤黏重，斜植时藕头走茎伸长困难，则宜进行种藕的平栽。平栽时，先挖深 10~15 厘米的平沟，然后将种藕水平埋入泥土中。

328. 如何进行种藕的带水栽植？

田块耕耙平后，可先灌一层 3~5 厘米的浅水，然后再进行栽植。栽植时田块四周应留有适当的空头，并按预定的行株距将种藕分布在田面上，然后按种藕的形状用手扒泥放种。要把种藕按主茎、分枝自然位置放入挖好的泥沟穴中，覆泥时应先轻盖有芽处，以防折断。最好由田中央向两边退步栽植，栽后随即抹平藕身的覆泥和脚印坑。

栽植时，也可先不灌水，而进行干栽，栽后再灌以浅水。

329. 中、晚熟莲藕一般追肥几次？

在生长期间，中、晚熟莲藕一般追肥 3 次。根据莲藕的生长情况，在莲藕生长出 1~2 片水叶时进行第一次追肥，也称提苗肥、催苗肥、发棵肥，每亩可施人粪尿或其他粪肥 1000~1500 千克或尿素 10~15 千克；在荷叶封行前一般进行第二次追肥，每亩施人粪尿或其他牲畜粪肥 1500~2000 千克，或尿素 15~20 千克，外加过磷酸钙 15~20 千克；在开始结藕时进行第三次追肥，也称催藕肥、结藕肥，每亩施人粪尿 1500 千克，或尿素 10~15 千克，另外还应补施钾肥，每亩可施硫酸钾 15~20 千克。追肥也可以施莲藕专用复合肥，效果也较好。

也有的根据定植时间来确定追肥的时间。在种藕定植后 25~30 天进行第一次追肥，定植后 55~60 天进行第二次追肥，定植后 75~80 天进行第三次追肥。

330. 为什么要及时摘除浮叶和老叶？

当立叶布满藕田时，浮叶被遮蔽在下面，它得不到阳光不能进行光合作用制造养分，反而还呼吸消耗养分，并且逐渐枯萎，因此，需及时予以摘除。另外，也应将变黄的、衰老的早生立叶及枯叶等及时摘除，这样有利于改善藕田的通风条件，有利于阳光照射到水中提高水温、地温，有利

于莲藕的生长和产量的稳定与提高。

331. 在藕成熟采收前，为什么宜将藕叶及部分叶柄一起摘除？

在藕叶和叶柄全部枯死前，即在采藕前10余天，宜将藕叶连同部分叶柄一起割除，这样可使地下部分停止呼吸，减少藕身表面铁锈斑的进一步发生和促使已附于藕身表面的铁锈还原，从而提高藕的商品质量。

332. 莲藕栽培为什么提倡曲折花梗？

在莲藕栽培中，常会有不少的花蕾出现，而花蕾的开花结实需要消耗较多的养分，从而使用于藕瓜生长上的养分减少，不利于藕瓜的长粗和提高藕的产量等。莲藕栽培是以获取藕为目的的，为此最好及时将花梗曲折，以使花蕾干枯而死，从而使更多的养分用于藕的生长上。

花梗只能曲折，不能折断，如若折断、雨水等可自断处进入泥土中的藕内，从而造成藕的腐烂等。

333. 为什么要进行藕田除草？

尤其是在生长前期，水田内较易生长水稗草、水莎草、三棱草、牛毛毡等多种杂草。这些杂草与莲藕争肥料、争时间、争生存空间，严重地阻碍着莲藕的生长，若不采取措施清除，任其蔓延生长，则会造成莲藕植株生长不好，结藕小、藕产量降低等现象。为此，必须对田间杂草进行清除。

334. 何谓双季莲藕栽培？

双季莲藕栽培，就是1年内在同一地块连续栽植两茬莲藕的一种高效生产方式。这两茬藕，一茬是春藕，一茬是（夏）秋藕。

335. 双季莲藕栽培为何能高效？

双季莲藕栽培，由于一年两种两收，所以总产量相对比较高，而且由于春藕收获时，正是市场供应淡季，再加上这时收获的藕较为嫩、脆、甜等，因而很受人们的欢迎，故市场售价较高，亩产值较大，再加上秋藕的亩产值，整个藕田的亩产值是比较大的。另外，双季莲藕栽培，总的投入增加不是太多，故可以获得较大的经济效益。

336. 双季莲藕栽培较适于我国哪些地区进行？

双季莲藕栽培，每季莲藕的生长期相对较短，但两季总的生长期则相对较长。我国南方地区有较长的生长期，水、温度等条件也比较良好，故较适宜双季莲藕的栽培。在我国长江以北地区，由于生长期相对较短等，所以通常只种一季莲藕，但早期、晚期如果采取棚室增温措施等，在一些生长期不是太短的地区，也是可以进行双季莲藕栽培的。

337. 首茬栽培何时开始进行？

在自然温度条件下，双季莲藕栽培，首茬栽培可在气温稳定在 12℃，10 厘米深处地温达 10℃以上时开始进行，这比一般大田栽培在气温达 15℃以上，10 厘米深处地温达 12℃以上开始栽植提前了一些。

338. 双季莲藕若要更提早栽培可采取什么措施？

双季莲藕栽培，春季若要更提早栽培，则可采取以下方法进行：

一是先催芽，后栽植。催芽时，可将种藕置于温室或搭建的塑料薄膜内，上、下垫以稻草，保持温度在 20~25℃，并每天洒水保持一定湿度，当芽长达 10 厘米以上时栽植于大田。

二是在前期温度较低时，直接于温室或塑料薄膜棚内进行栽植。

339. 春藕栽培的密度是怎样的？

春藕栽培，要达到早熟和获得较高一些的产量，应进行适当密植。栽植的行距可为 1~1.2 米，也有的将行距扩大到 1.5 米的，而株距则一般为 0.5~1 米。对于每一地块的栽植密度，要根据当地的气候状况、田块条件、品种性能等因素而定。

340. 春藕生长期间如何追肥？

春藕生长期间，一般要追肥 1~2 次，在植株长出 1~2 片立叶时，可进行第 1 次追肥，每亩追施腐熟粪肥 1000 千克，或施尿素 10~15 千克，第 2 次追肥在开始结藕前，每亩可施三元复合肥 25~35 千克，并可施些复合微生物肥等。另据经验报道，在结藕期间施些块根膨大素和磷酸二氢钾等，可以促进藕身尽快膨大长成。

341. 春藕一般什么时间收获？

春藕的收获时间，要根据藕的生长情况等而定，并要求做到及时收获。露地春藕一般在 6 月份中、下旬或 7 月初收获，而在棚室内栽植的春藕则可以提前，在一些地区有的在 5 月底就开始收获。春藕开挖得比较早，藕质也比较脆嫩，深受人们欢迎，这时适逢藕供应淡季，在市场上可卖个好的价钱。

342. 为什么要及时栽种（夏）秋藕？

双季莲藕栽培，在春藕收获后，要及时进行（夏）秋藕的栽种，这样可以为（夏）秋藕的生长赢得时间，从而保证（夏）秋藕的收成和能够获得较高的产量和经济效益。

343. （夏）秋藕栽培所需的种藕怎样解决？

（夏）秋藕栽培可选用春茬藕收获的子藕和部分尚未结藕的藕鞭做种藕，并尽量做到不损芽、少损根、无伤口或伤口较少等。

（夏）秋藕栽培，也可在收获春茬早藕时，用手指将主藕拿出，而将子藕和藕鞭原地不动的留下做种（注意不要将子藕的荷叶折断），如此比较省工、省时，也能使（夏）秋茬种藕比较快速地生长和成熟。

344. （夏）秋藕的栽植密度是怎样的？

（夏）秋藕栽植所用种藕为春藕收获的子藕，由于这些子藕个头较小，顶芽也不是太多，所以种植要密些，行株距可分别为 0.5~0.8 米和 0.5~0.6 米，每穴 1 株。若春藕收获时将主藕拿出，留下子藕等作为（夏）秋藕栽植的种藕，这样其行株距就成自然分布。

345. （夏）秋茬藕在水位调控上有何不同？

（夏）秋茬藕在水位管理上宜为"前较深、中深、后浅"，这与春茬藕要求的水位"前浅、中深、后浅"有所不同。这是因为第二茬藕生长前期正处在气温较高的季节，在植株长出 1~2 片立叶之前，田面保持较深的水层（10 厘米深）或者灌以 5 厘米深的流动水，有利于降温，生长中期应保持 20~25 厘米深的水层，有利于长叶和使立叶高大等，生长后期保持 3~5 厘米的浅水则有利于结藕。

346. （夏）秋藕种植也需要施基肥吗？

（夏）秋藕栽植时，如果前茬藕收获后土壤肥分还比较充足，那么就可以不施基肥，如果不足则需要施基肥，这次施基肥可施尿素、过磷酸钙、硫酸钾肥，或施三元复合肥等，但施量不要过大。若施三元复合肥，每亩可施 30~50 千克。

347. （夏）秋藕生长期间怎样施追肥？

（夏）秋藕生长期间，也需要追施基肥。重新栽植藕种时，第 1 次在新藕种长出 1~2 片立叶时进行施肥，每亩可施尿素 10~15 千克，第 2 次在荷叶将要封行前进行施肥，每亩可施复合肥 30 千克。如果基肥比较足，植株生长比较旺盛，那么也可以只施 1 次肥。

348. （夏）秋藕管理还需要注意哪些问题？

（夏）秋藕种植后，由于此时温度较高，所以在棚、室栽培的不需要覆盖塑料膜。生长后期随着气温的下降，在棚、室内栽培的要及时覆盖塑料薄膜，以继续保持莲藕适宜的生长温度，延长生长期，促进多结藕、结大藕和提高产量等。期间要重视病虫害的防治。（夏）秋茬藕可根据生长及市场需求情况，边起刨边销售。在一般大田栽植时，收获时间可延续到第 2 年春藕栽植前。在日光温室栽培的，若准备在冬、春季轮作其他蔬菜，则应适时起刨腾茬。

349. 莲藕腐败病（枯萎病）如何防治？

莲藕腐败病，也称莲藕枯萎病。发病初期地下茎外表没有明显的症状，但如果将地下茎横切，可以发现近中心处的维管束颜色变成淡褐色或褐色，随后变色部分逐渐扩展蔓延，并由种藕延至新的地下茎。后期病茎、莲鞭和根被害部呈褐色至紫黑色不规则病斑，使病茎纵向皱缩或腐烂，莲鞭的输导组织也变褐色，莲根坏死易脱落。有时可见藕节上有蛛丝状菌丝体和粉红色黏物质。从病茎上抽出的叶片颜色较淡，叶缘出现青枯，并向下卷曲，随着向内发展，最后全叶变褐干枯，叶柄近顶端处大多弯曲下垂，叶柄沿气孔变褐，并自上而下萎缩变枯。有的叶片在发病初期即呈现青枯状，后期变黄枯死，由病茎上抽生的花蕾瘦小，荷花不能正常开花，最后下弯枯死。

腐败病多发生在 5~8 月份。一般病田减产 15%~20%，严重的达 40% 以上。防治方法如下：

发现病株后要连根挖除，并对局部土壤施入 50% 的多菌灵粉剂灭菌。当病株较多时，要逐一带根挖除，并对整个藕田用药，每亩藕田可用 50% 的多菌灵或 75% 的百菌清可湿性粉剂 500 克（也可将两者按 1:1 的比例混合使用），或 10% 的双效灵乳剂 200~300 克，拌细土 25~30 千克，堆闷 3~4 小时后撒施于浅水藕田中，2~3 天后再用 70% 的甲基托布津 800 倍液，或 50% 的多菌灵 600 倍液加 75% 的百菌清 600 倍液，喷洒叶面和叶柄。隔 5~7 天再进行 1 次。对腐霉菌引起的，可选用 25% 的甲霜灵、58% 的甲霜灵锰锌、64% 的杀毒矾等药物拌细土撒入浅水层中，对地上部分可配溶液进行喷施。

350. 莲藕叶枯病如何防治？

本病主要为害叶片，叶片呈黄色至深褐色而枯死为本病的主要症状。发病初期，叶缘发生淡黄色病斑，并逐渐向叶片中央扩展，病斑也由黄色变成黄褐色。最后从叶肉扩及叶脉，病斑变成深褐色，全叶枯死，好似火烧，俗称"发火"。由于叶片受害，光合作用停止，地下茎和莲子得不到充足的营养，因而严重影响产量和品质。

一般在5月底6月初开始发病，7~8月份发病较重，9月份以后发病下降。防治方法如下：

发病初期，用50%的多菌灵800倍液，或50%的甲基托布津800倍液，或绿亨一号3000倍液喷施，每7天1次，连续2~3次。也可以使用14%的络氨铜（抗枯宁）200~300倍液喷施。

351. 莲藕褐斑病如何防治？

褐斑病又称斑纹病，由真菌侵害引起，主要为害叶片。发病初期可见叶片正面有黄褐色小斑点，以后扩大成多角形或近圆形的淡褐色至黄褐色斑，边缘深褐色，有明显轮纹。严重时布满全叶，从而使叶片早枯，造成减产。

该病以6~8月份为多发期，尤其是阴雨天，空气相对湿度大时较容易发生。治疗方法：

发病初期，可用70%的甲基托布津，或75%的百菌清，或50%的代森锰锌，或50%的多菌灵500~800倍液喷雾叶片。每7天1次，连喷2~3次。各种药物最好交替使用，以提高治疗效果。也可以使用14%的络氨铜200~300倍液，或25%络氨铜400~500倍液喷施。有的也使用50%的三唑酮硫磺1000~1500倍液均匀喷雾。

352. 莲藕黑斑病如何防治？

该病主要侵害叶片。发病初期，叶片上出现针头大小黄褐色小斑点，以后扩大成近圆形或不规则形褐斑，直径一般0.6~1.5厘米，边缘明显，略具同心轮纹，并且里面常生有黑色霉状物。严重时，病斑扩大融合，除叶脉外，整个叶片布满病斑，致使叶片干枯。

该病多在6~9月份发生，尤其是暴风雨后或莲藕生长衰弱时容易发病。藕田蚜虫危害严重，施氮肥过多以及经常断水时也容易发病。治疗方法：

发病初期，可选用50%的多菌灵可湿性粉剂；75%的百菌清可湿性粉剂1000倍液；70%的代森锰锌可湿性粉剂1000倍液或络合态代森锰锌800~1000倍液；80%的代森锰锌可湿性粉剂800~1000倍液；64%的杀毒矾 600 倍液喷施，每隔 7 天 1 次，连喷 2~3 次。有的也使用波尔多液（1∶1∶200）或 30% 的绿得宝悬浮液 500 倍液进行喷施。

353. 莲藕花叶病毒病如何防治？

该病的主要症状是：植株较矮，叶片变细小，病叶对照日光下可见浓绿相间，有的叶片局部褪绿，畸形皱缩，有的病叶抱卷不展开。在病田中常见蚜虫群集于叶背、叶柄处危害。治疗方法：

发病初期，可用 5% 的菌毒清 500 倍液或 20% 的病毒 A（为盐酸吗啉双胍与醋酸铜混配而成）可湿性粉剂 500 倍液，或 0.5% 的抗毒剂 1 号水剂 300 倍液，或 1.5% 的植病灵乳剂 1000 倍液喷施，每隔 7~10 天 1 次，连喷施 2~3 次。

354. 莲藕炭疽病如何防治？

该病主要为害立叶。病斑多从叶缘开始，呈半圆形，近椭圆形至不规则形，褐色至红褐色，斑面有明显或不明显的云纹，外围有的出现黄色晕圈。后期病斑上可见有许多散生的小黑点或朱红色小点，发病严重时，病斑相互联合，尤其是叶缘病斑的融合，至叶缘几乎全部呈现褐色或红褐色干枯。叶柄也可感染，但多呈近梭形或短条状褐色至红褐色凹陷斑。

防治方法：发病初期可用 25% 的炭特灵可湿性粉剂 500~600 倍液；40% 的炭疽福美（为福美双和福美锌的混合剂）可湿性粉剂 800 倍液；50% 的复方多菌灵 800~1000 倍液；50% 的甲硫、硫悬浮剂 600~800 倍液；70% 的甲基托布津加 75% 的百菌清（1∶1）1000~1500 倍液喷施。每 7~10 天喷施 1 次，连续 2~3 次。有的也用 77% 的可杀得（氢氧化铜）800~1000 倍液喷雾防治。

355. 如何防治莲藕叶腐病？

主要侵染浮于水面的叶片，使其形成褐色至黑褐色病斑，坏死部分较容易脱落穿孔，从而使浮叶变成破烂状，该病后期出现白色蛛丝状菌核及白色皱球状菌丝团，进而变成茶褐色菜子状菌核。严重时叶片腐烂，难于抽离水面。

发病初期喷施 50% 乙烯菌核利干悬乳剂 1000~1500 倍液；25% 的多霉威悬浮剂 400~500 倍液。

356. 莲藕斜纹夜蛾有何防治方法？

一是人工捕捉。成虫产卵盛期和幼虫初孵出时，及时检查荷叶的背面，发现有斜纹夜蛾卵块及初孵幼虫的荷叶时，则随手摘除，包叠成团，埋入泥中闷死，或带出田外烧毁。

二是用黑光灯或糖醋混合液诱杀成虫。糖醋混合液，用糖 6 份、醋 3 份、白酒 1 份、水 10 份，以及 90% 的敌百虫 1 份制成。

三是药物防治。可选用 90% 的晶体敌百虫 800~1000 倍液；2.5% 的澳氰菊酯（敌杀死）2000~3000 倍液；50% 的敌敌畏乳油 1000 倍液；40% 的辛硫磷乳油 1000~1500 倍液；20% 的除虫脲悬浮剂 2000~2500 倍液；Bt 乳剂（苏云金杆菌）1000 倍液；青虫菌剂 800 倍液；5% 的氟啶脲（抑太保）乳油 1000~1500 溶液，进行喷雾。

喷药时期最好在 3 龄幼虫盛发以前。4 龄后，幼虫忌光，有夜出活动习性，故施药宜在傍晚前后进行。

357. 莲缢管蚜有何防治方法?

一是清除田间浮萍、绿萍等水生植物，合理控制莲藕种植密度，减少田间郁闭度，降低湿度。

二是药物扑杀。可选用 50% 灭蚜松乳油 1000 倍液；50% 抗蚜威可湿性粉剂 2000 倍液；5% 吡虫啉可湿性粉剂 1500~2000 倍液；2.5% 苦参碱乳油 2000~2500 倍液；80% 杀螟松 2000 倍液；洗衣粉 1 份、尿素 4 份、水 400 份制成洗尿合剂，进行喷施。

358. 莲藕食根金花虫有何治理方法?

对于其幼虫地蛆，每亩用 1.5% 辛硫磷颗粒剂 2 千克，或茶籽饼 15~20 千克，拌入细土，均匀撒施，并适当耕翻。

对于成虫，可用 90% 晶体 1000 倍液，或 50% 杀螟松 1000 倍液，或 80% 敌敌畏 1000 倍液喷施杀灭。

359. 莲藕潜叶摇蚊有何防治方法?

一是摘除有虫道浮叶，集中烧毁或深埋。

二是不从有该虫发生较严重的地区引进种藕。

三是发现浮叶有虫道时，可选用 90% 晶体敌百虫 1000~1500 倍液，或 80% 敌敌畏乳油 1000~2000 倍液喷施。

360. 莲藕毒蛾有何防治方法?

一是捕杀低龄期在叶背上集中危害的幼虫团。

二是在幼虫发生期，用 80% 敌百虫可溶性粉剂 1000 倍液；杀螟杆菌（每克含活芽孢 100 亿个的制剂）1000 倍液；25% 灭幼脲 2000 倍液喷施。

361. 如何防治莲藕大蓑蛾？

一是结合田间管理，及时摘除蓑囊并销毁。

二是在低龄幼虫盛发期，用 90% 晶体敌百虫 1000 倍液；40% 辛硫磷 1000 溶液；80% 敌敌畏乳油 1000 倍液喷雾。

三是生物防治，选用青虫菌剂或 Bt 乳剂（孢子囊量 100 亿 / 克以上）800 倍液喷雾。

362. 如何防治莲藕小蓑蛾？

一是人工摘除虫袋，以减少为害。

二是在幼虫危害期，喷施 90% 晶体敌百虫 800~1000 倍液；5% 氟啶脲（抑太保）乳油 1000 倍液；25% 灭幼脲悬浮剂 2000~2500 倍液；50% 杀螟松乳剂 1500 倍液。7~10 天 1 次，可交替使用 2~3 次。

363. 莲藕黄刺蛾有何防治方法？

一是在成虫期利用黑光灯诱杀。

二是在幼虫发生期，用 90% 的晶体敌百虫 1000 倍液；Bt 乳剂（孢子囊量 100 亿 / 克以上）500~800 倍液；25% 灭幼脲 2000~2500 倍液；20% 灭多威 1000~1500 倍液等进行喷雾。

364. 如何防治莲藕蓟马？

用 5% 啶虫脒乳油或可湿性粉剂 3000~4000 倍液；5% 吡虫啉乳油 1500~2000 倍液；50% 辛硫磷乳剂 1000 倍液，80% 杀螟松 2000 倍液喷施。

365. 如何防治金龟子？

一是对具有趋光性的金龟子可用黑光灯诱杀成虫。

二是可用 90% 晶体敌百虫 1000 倍液；50% 敌敌畏（对鱼有毒）1000 倍液喷杀。

366. 莲藕有害螺类有何防治方法？

一是冬季结合整田等消灭越冬螺或破坏其越冬场所。

二是进行人工捕捉或在藕田中放养可以摄食螺类的鱼类或其他经济水产品。

三是药物灭螺。每亩藕田用 6% 四聚乙醛颗粒剂 1 千克撒施，安全间

隔期 70 天。

367. 如何防治莲藕水绵？

一是用硫酸铜泼洒，浓度为 0.7 毫克 / 升。

二是每亩用石膏 2.5 千克，加水 200 千克喷洒。

三是用 0.5% 硫酸铜在水绵生长局部喷杀。

用 $CuSO_4$（硫酸铜）消除水绵时，若藕田中混养鱼类等时，应先将它们赶至鱼沟、鱼溜中，然后再进行用药，并且在用药杀灭水绵后进行换水，以防鱼类等中毒。

368. 如何清除藕田中的浮萍？

一是利用窗纱网人工捞除。

二是在藕田中放养草鱼、团头鲂、鳊鱼、鲤鱼、鲫鱼、罗非鱼等可摄食浮萍的鱼类，利用它们清除浮萍。

三是将田水全部排出，然而再加入温度基本相同的新水，并且可以多进行几次，这样可使浮萍随旧水而排出藕田外。

十六、韭菜

369. 南方韭菜一种多收作区的范围有哪些区域？

南方韭菜一种多收作区范围主要包括湖南、湖北、江西、浙江、上海、安徽、江苏、海南、广东、广西、福建、台湾、四川、云南、贵州等地。

370. 南方韭菜一种多收作区的生产特点是什么？其商品性的优劣势是什么？

1. 生产特点。多采用露地及遮阳生产，其产品一年四季均可供应上市。

2. 商品性的优劣势。

（1）优势。春季气温适宜韭菜的生长发育，生长快，品质细嫩，水分含量高。

（2）劣势。夏季气温过高，不利于韭菜的生长发育，这时的韭菜粗纤维含量高，品质变差。

371. 韭菜主要的栽培模式有哪些？

1. 露地栽培。适宜于我国中部、南方地区。

2. 小拱棚栽培。凡冬季月均气温低于10℃的地区都可以进行小拱棚保温栽培。品种可以用当地栽培种，也可以选用汉中冬韭或791、平韭四号、平丰八号等品种。

3. 多层覆盖栽培。适宜于我国中部、北方地区冬季生产。低温是大棚韭菜产量的主要限制因素，尤其是在北方。因而提高温度是大棚韭菜高产的主要管理措施之一。在生产上一般采用多层覆盖的方法。

4. 间作套种。在韭菜与其他作物生长发育不冲突的时间段，合理配置作物群体，高矮成层，相间成行，改善韭菜的通风透光条件，提高光能利用率，充分提高土地利用率，达到增产增收。

372. 小拱棚栽培韭菜的主要优缺点是什么？

1. 优点。一是生长快。春季小拱棚内的土壤温度可比露地高5~6℃，秋季比露地高1~3℃。环境温度比露地更接近韭菜生长的最适温度。二是小拱棚与露地相比，密闭性好，棚内湿度大，有利于韭菜的水分吸收。因此，韭菜肥嫩，粗纤维含量降低，水分含量增大，口感好。三是灵活方便。小拱棚拆除方便，可视露地生产的韭菜情况灵活移位进行小拱棚生产。

2. 缺点。一是温差大。小拱棚空间小，棚内气温受外界气温的影响较大，一般昼夜温差可达20℃以上；晴天增温效果显著，阴、雪天效果差。在一天内，早晨日出后棚内开始升温，10时后棚温急剧上升，13时前后达到最高值，以后随太阳西斜、日落棚温迅速下降，夜间降温比露地缓慢，凌晨时棚温最低。二是小拱棚的空气相对湿度变化较为剧烈，密闭时可达饱和状态，通风后迅速下降。三是地区限制。在寒冷的冬季，北方地区小拱棚的条件难以满足韭菜的生长需求，使其生产受到限制。

373. 小拱棚覆盖的方式有哪几种？

小拱棚一般高1米左右，宽2~3米，长度不限。骨架多用毛竹片、荆条、硬质圆塑棍、直径6~8毫米的钢筋等材料弯成拱圆形，上面覆盖塑料薄膜。夜间可在棚面上加盖草苫，北侧可设风障。目前广泛应用的塑料小拱棚根据结构的不同分为拱圆形棚和半拱圆形棚。半拱圆形棚是在拱圆形棚的基础上发展改进而成的形式。在覆盖畦的北侧加筑一道1米左右高的土墙，土墙上宽30厘米、下宽45~50厘米。拱形架杆的一端固定在土墙上部，另一端插入覆盖畦南侧畦埂外的土中，上面覆盖塑料薄膜。半拱圆形棚的覆盖面积和保温效果优于小拱圆形棚。

374. 韭菜如何收割？

一般韭菜单株长到6~7片叶时，其品质最好，商品性也最佳，所以此时为收割的最佳时机。一般扣膜前可浅割一刀，收割后立即扣膜，这样便于操作。若韭菜尚未达到收割标准，为防止冻害应先扣膜，但必须仔细操作，防止损伤韭菜植株。秋、冬季生产韭菜，若长势强，收割期可从10月份延续至翌年2~3月份，收完刨除韭根，进行其他蔬菜的生产。

375. 韭菜间作、套种栽培茬口如何安排？

上茬韭菜与下茬番茄、甘蓝、茄子、黄瓜间作。韭菜春播在4月上旬，夏播在5月上旬至6月20日。每亩用种量3~4千克。下茬番茄可于12月上旬育苗，甘蓝可于12月下旬育苗，茄子可于11月中旬育苗；黄瓜可于12月下旬育苗。11月中下旬韭菜休眠后，施肥、灌水、扣膜，40天左右可收第一茬，翌年2月中下旬和3月上旬收第二茬、第三茬韭菜。在收第二茬、第三茬韭菜前10~20天分别间种或套作黄瓜、番茄、甘蓝、茄子。

376. 适合与韭菜间作、套种的作物有哪些？

适于与韭菜间作、套种的作物有大蒜、辣椒、茄子、青菜、花生及其他一些豆类作物等。

377. 韭菜与其他作物间作、套种的常见模式有哪些？

韭菜与其他作物常见的间作、套种模式有以下几种：①小拱棚韭菜——甘蓝——青椒间作、套种高产高效栽培模式；②韭菜畦边间作、套种花生模式；③韭菜——洋葱——萝卜间作、套种模式；④韭菜——豆角——白菜——速生叶菜间作、套种模式；⑤韭菜——苹果——西葫芦间作、套种模式；⑥韭菜——菠菜——黄瓜间作、套种模式。

378. 为什么种植韭菜忌连作？

连作容易引起韭菜生长障碍。主要表现在以下几个方面。

1. 病虫害加重。连作导致病菌，尤其是土传病虫害更为严重，如韭菜病毒病、线虫、韭蛆等。

2. 土壤化学性质变差。连作土壤，因长时间施用大量的化肥，尤其是化学氮肥施用较多，再加上韭菜耕作较浅及土表施肥等栽培措施，极易导致土壤产生盐分积累。

3. 土壤酸化加重。由于有机肥施用减少、化学氮肥用量增加，导致土壤酸化严重，影响韭菜的正常生长和品质下降。同时，施用酸性及生理酸性肥料也会降低土壤的 pH 值。

379. 适合韭菜栽培的前茬作物有哪些？

适合韭菜栽培的前茬作物有茄果、瓜果、叶菜、豆类、马铃薯等蔬菜。但必须是非百合科作物。

380. 韭菜苗床地如何选择？

韭菜对土壤的适应范围较广，但以中性土壤最适合其生长发育。应选择土壤肥沃、富含有机质、保水保肥能力强、排灌方便、便于管理的地块作苗床。前茬为葱蒜类的地块不宜用作苗床。

381. 韭菜地如何耕整？

做畦。韭菜幼苗出土力差，应细致整地，做到土肥均匀、土壤细碎。畦高低随当地气候情况和水利条件而定。南方雨多，可筑高畦，畦周围筑水沟便于排水。畦内施入的基肥以优质有机肥、常用化肥、复合肥等为主，每亩可铺施腐熟、筛细的农家肥 4000~5000 千克，深翻掺匀耙平。针对韭菜种皮坚硬、具有蜡质层、吸水困难、发芽出土缓慢、弓形出土的特点，播前要选筛土，再浅耕 1 次，耕后细耙才能做畦。

382. 怎样确定韭菜的播种深度？

经过浸泡或催芽的韭菜种子均匀撒播于苗床之后，覆土厚 1.5 厘米左右。如果采用干播，则需要在整好的苗床上按行距 15 厘米，开成宽 10 厘米、深 1.5 厘米左右的小浅沟，将种子撒入沟内，然后用耙子轻轻地将沟耧平、踏实，随即浇 1 遍水。

383. 韭菜生长需要什么样的肥料？

韭菜耐肥力强，生长对肥料的要求以氮肥为主，配合适量的磷、钾肥。每生产 1000 千克韭菜产品，吸收氮 1.5~1.8 千克、磷 0.5~0.6 千克、钾 1.7~2 千克。为获得优质高产，施肥应以有机肥为主。多年生韭菜田每年施用 1 次微量元素肥料可促进植株生长健壮，延长采收年限。

不同时期韭菜有不同的需肥特点。幼苗期虽然需肥量小，但根系吸收肥力弱，应施入充分腐熟的大量有机肥，才能满足需要。随着植株的生长，观察叶片的色泽和长势，结合浇水进行追肥非常必要。

韭菜的根茎、鳞茎是其养分的重要贮存器官。地上部分枯干或收割后，地上部分再生长时，前 15~20 天所用的养分主要是来自于地下器官贮存的养分，以后出现了相对稳定的过渡时期。待生长至 25~30 天时，地上部又把自己制造的养分（除供自己生长需要外）再运送到地下器官贮藏起来。至生长到 30 天左右时，基本能归还完前期从地下部抽调出去的养分。所以进入收割期以后，每次收割完后要及时补充肥料。

384. 怎样合理施肥才能提高韭菜鲜韭生产的商品性？

营养元素的合理搭配。韭菜与大田作物相比，对养分的吸收量要多得多。除氮、磷、钾外，对钙、镁等的吸收量也较多。每形成 100 千克的产量，需氮 0.2~0.4 千克、五氧化二磷 0.08~0.12 千克、氧化钾 0.3~0.5 千克、氧化钙 0.15~0.25 千克、氧化镁 0.03~0.07 千克。上述几种营养元素一般的比例是 6∶2∶8∶4∶1。

385. 韭菜不同生长发育时期如何施肥管理？

定植当年施肥新叶出现时，要结合浇水施肥 1 次。9~10 月份昼夜温差大是韭菜生长的最盛时期，应加强肥水管理，促进叶片生长，为小鳞茎的膨大和根系的生长奠定物质基础。韭菜越冬能力和翌年的长势主要决定于冬前植株积累营养物质的多少。为促进植株的养分积累,秋季每隔 10 天左右浇水 1 次,结合浇水追施尿素加三元复合肥 2~3 次,每次每亩 15~20 千克。10 月份以后,天气逐渐转冷,韭菜的生长速度减慢,叶片中的营养物质逐渐向鳞茎和根系回流。

386. 韭菜第二年后如何施肥?

春季:当日平均气温达 0℃、地表解冻、韭菜开始萌动生长时,就要抓紧深耕 1 次,将冬前覆盖的有机肥翻入土中,施肥后深锄保墒。一般经 40~45 天的生长可收割第一刀韭菜。收割 3~4 天后,韭菜伤口愈合、新叶出土 2~3 厘米时,还应及时进行追肥,每亩施尿素 20 千克。在管理好的情况下,一般一刀后 28~30 天收割第二刀,二刀后 25~28 天收割第三刀。总之,要使春季韭菜产量占总产量的 2/3 才能保证韭菜的高产。

夏季:夏季一般不收割韭菜,只进行培根壮秧管理。夏季高温、高湿季节应适当施肥,减少浇水。

秋季:秋季是韭菜年生长周期中的第二次旺盛生长时期,也是肥水管理的关键时期。在此期间不仅要收割青韭,还要为冬季休眠准备充分的养分。因此,除韭菜收割后"刀刀追肥"外,在韭菜枯萎前 40 天左右停止收割。进入 10 月中旬每 10 天左右追肥 1 次,每次每亩施 1000 千克腐熟人粪尿或追施 15 千克尿素,连续追肥 2~3 次,培肥韭根。为减少越冬虫源,追肥后结合浇水每亩用 1 千克敌百虫灌根,可有效地防治根蛆。然后停止施肥浇水,使植株自然枯萎,也叫"回劲"。

387. 韭菜苗期怎样进行追肥?

韭菜耐肥、耐盐碱能力强,在保护地生长期间,其主要养分来自贮藏在根茎和鳞茎里的营养物质。如日光温室韭菜生产就是在韭菜休眠后扣上棚膜,促使韭菜提早打破休眠而萌发生长的生产方式。所以在扣棚前培育出健壮的根株,对产量和质量都有重大影响;而根据韭菜不同生长期合理施肥是培育壮株的关键之一。幼苗出土后,应先促后控。促苗的目的是加速发根长叶,使幼苗尽快长成营养体;控苗的目的是防止徒长,使幼苗生长健壮。韭菜幼苗小且根浅,结合浇水追施腐熟的粪稀或硫铵、尿素等速效氮肥 2~3 次,每 667 平方米施 5~10 千克,或施 10 千克硫酸铵,促进幼苗生长。当苗高 10~15 厘米后,控水中耕除草;如果秧苗健壮,可以不追肥,以蹲苗壮秧、防止倒伏烂秧。

388. 韭菜中期怎样进行追肥？

成株施肥定植后，当新叶长出变绿、结束缓苗时，应浇水追肥促发新根、长叶，每亩随水追施尿素 20 千克，及时中耕培土，促进植株生长。

立秋后天气渐凉，正是韭菜叶片生长的适期和旺期，分蘖力较强，是韭菜生长的重要时期，应加强肥水管理。结合浇水追肥 3 次，前 2 次每次每亩施尿素 15~20 千克；最后一次施稀粪水，以满足韭菜生长发育所需。一般每 10 天左右浇 1 次水。结合浇水，每亩追施腐熟有机肥 500 千克或磷酸二铵 30~50 千克加草木灰 100~200 千克。有条件的可追施饼肥 200 千克。

韭菜只有养好根才能长势旺、分蘖多、产量高、品质好，进入第二年以后可以多次收割。所以韭菜除施用基肥外，每收割 1 次都要追肥，以促成新叶和分蘖生长。追肥应在收割后 3~4 天进行，待收割伤口愈合、新叶出土时施入，忌收割后立即追肥造成肥害。追肥应以速效氮和人粪尿为主，可随水施入或开沟施入。人粪尿必须充分腐熟，以防蛆害。

389. 如何根据不同的种植方式确定种植密度？

1. 采用直播方式种植。产量随着播种密度增加而提高，株高随着播种密度的增加而升高，叶片随着密度的提高而变长变窄。综合产量与主要经济性状结果，以播幅 10 厘米、播量为 4 千克的处理效果最好。种子播量一定，播幅过宽或过窄，尤其是超过 20 厘米或低于 5 厘米，都难有上好的表现。播幅一定，随着播量的增加，产量虽有一定的增加，但产品的商品性状却下降；在一定范围内的稀播，第一年产量较低，随着分蘖株数的增加，有较大的增产潜力，第二年产量迅速增加。所以，如果要一年播种多年收获，当第一年播量大时，需要在第二年剔除弱株，以便获得较高的产量和实现较好的经济效益。

2. 采用育苗移栽方式种植。在行距不变的情况下，在一定范围内，单产随着栽植密度的增加而增加，稀密之间差异显著；单株性状随着栽植密度的增加而显著改变，株高随着密度的增加而变高，叶片随着密度的增加而变长变窄，单株重随密度的增加而显著降低。以每亩保持 50 万株的产量最高，商品性状较差；40 万株的产量第二，商品性状和其他处理组相比相对较优，平均株高 47.3 厘米，平均叶片数 6 个，综合产量、商品性状、经济效益最好。

390. 怎样进行韭菜适时适量浇水？

①成株移栽后，春季割头刀韭菜前不浇水。收割 3 天以后，刀口愈合，待韭菜长出地面再浇水，水量根据土壤湿度而定。②立秋后的气温条件正

好适合韭菜的生长，是培养根系生长和植株粗壮的有利时机，但浇水一定要掌握好量。应根据秋季降水的大小、多少来决定。因为韭菜秋季怕涝，不旱不要浇水，如果降水过多，一定要做好排水防涝的工作，防止韭菜沤根、烂叶，造成减产。③立冬前后，回秧型的韭菜地上部分已枯死，注意浇封冻水。如果秋雨大，土壤含水量高，也可不用冬灌。

391. 韭菜灰霉病如何防治？

韭菜灰霉病俗称"白点"病，发生普遍。对韭菜主要是为害叶片，初在叶面产生白色至浅灰色斑点，随后扩大为椭圆形或梭形斑点，后期病斑常相互联合产生大片枯死斑，使半叶或全叶枯死。湿度大时病部表面密生灰褐色霉层。有的从叶尖向下发展，形成枯叶，还可在割刀口处向下呈水渍状浅褐色腐烂。后扩展为半圆形或"V"形病斑、黄褐色，表面生灰褐色霉层，引起整簇溃烂，严重时成片枯死。其防治方法如下：

一是选择抗病品种。

二是农业防治。施足腐熟有机肥，增施磷、钾肥，提高作物抗病性；清除病残体，每次收割后要把病株清除到田外深埋或烧毁，减少病源。

三是药剂防治。每次收割后及发病初期，喷洒4%农抗120（嘧啶核苷类抗菌素）瓜菜烟草型500~600倍液，可有效控制病害的发生。也可选喷50%腐霉利；50%乙烯菌核利1000倍液；50%多菌灵800倍液。上述药剂交替使用，每隔7~10天1次，防治1~2次，效果更佳。

392. 韭菜疫病如何防治？

叶片受害，初为暗绿色水浸状病斑，病部缢缩，叶片变黄凋萎。天气潮湿时病斑软腐，有灰白色霜。叶鞘受害呈褐色水浸状病斑、软腐、叶剥离。鳞茎、根部受害呈软腐，影响养分的吸收和积累。

一般在炎夏、高温、高湿、地势低洼、排水不良及植株生长差、密闭、收割过多、营养不良时发病严重。其防治方法如下：

一是轮作。栽培地、育苗地应选择3年内未种过葱、蒜类蔬菜的地块。

二是培育健壮植株。如采取栽苗时选壮苗、剔除病苗、注意养根、勿过多收获、收割后追肥、入夏后控制灌水等栽培措施，可使植株生长健壮。

三是束叶。入夏降雨前应摘去植株下层黄叶，将绿叶向上拢起，用马蔺草松松捆扎，以免韭叶接触地面，这样植株之间可以通风，防止病害发生。

四是药剂防治。7月中旬至8月上旬选用25%甲霜灵可湿性粉剂600~800倍液；0.05%绿泰宝600倍液；0.1%~0.2%硫酸铜溶液，灌浇植株根茎部。或栽植时选用上述药液蘸根均有效。

393. 韭菜锈病如何防治?

锈病主要侵染叶片和花梗。最初在病部表皮上产生小点,逐渐发展成为纺锤形或椭圆形隆起的橙黄色小疱斑,病斑周围常有黄色晕环,以后扩展为较大疱斑,其表皮破裂后散出橙黄色的粉末状物,叶片两面均可染病。后期叶及花茎上出现黑色小疱斑,病情严重时病斑布满整个叶片,失去食用价值。其防治方法如下:

一是农业防治。与非百合科作物实行轮作;合理密植,做到通风透光良好;雨后及时排水,防止田间湿度过大;采用配方施肥技术,多施磷、钾肥,提高植株抗病力;收获时尽可能浅割,并注意清洁畦面,收割后畦面喷洒45%硫磺胶悬剂400倍液消毒。

二是药剂防治。发病初期及时喷洒20%三唑酮可湿性粉剂300倍液;25%丙环唑乳油3000倍液;12.5%腈菌唑乳油1500倍液等。上述药剂与天达2116植物生长营养液混配交替使用,每隔7~10天1次,防治1~2次,效果更佳。

394. 韭菜白粉病如何防治?

韭菜白粉病主要为害叶片。发病初期在叶背面产生斑块状白色霜状霉层,不久叶表面开始失绿,出现浅黄色斑块;严重时,叶片变黄、下垂、枯萎。

一般大棚温度适宜、湿度大,很容易发生白粉病。其防治方法如下:

一是农业防治。及时清除杂草、病叶,减少病源;加强田间管理,增施磷、钾肥,培育健壮植株,提高抗病能力。

二是药剂防治。发病初期用70%甲基硫菌灵1000倍液;嘧啶核苷类抗菌素600倍液;75%百菌清800倍液;50%多菌灵600倍液喷洒叶片。每隔7~10天喷1次,连续喷2~3次。

395. 韭菜枯萎病如何防治?

发生此病时病叶接触地面的叶肩部出现水浸状,严重时所有叶片都呈水浸状,进而完全枯死。发病后的韭根虽然可以萌生新株,但有时再萌发的韭菜仍然会发病。发生枯萎病的韭菜的产量和品质都会受到影响。严重时造成绝产。

韭菜枯萎病多发生在夏季高温季节,雨后暴晴时易发病。防治方法如下:

一是农业防治。养根期间注意适当控制水分,避免徒长;多雨季节注意及时排涝。

二是药剂防治。可用 75% 百菌清可湿性粉剂 600 倍液喷雾，或用甲霜灵可湿性粉剂 500 倍液喷雾。每隔 5~6 天喷 1 次，连喷 2~3 次即可。

396. 韭菜软腐病如何防治?

发生此病时，一般叶片、叶鞘初生灰白色半透明病斑，扩大后病部及茎基部软化腐烂，并渗出黏液，散发恶臭，严重时成片倒伏死亡。防治方法如下：

浸种剂用药防治：72% 农用硫酸链霉素可溶性粉剂 500 倍液加适量 95% 强力敌磺钠原粉，或 50% 福美双，浸种 4~8 小时后，冲洗干净催芽、播种。喷施用药防治：90% 链霉素可湿性粉剂 500 倍液；50% 琥胶肥酸铜可湿性粉剂 500 倍液；14% 络氨铜水剂 300 倍液；30% 碱式硫酸铜胶悬剂 400 倍液；7% 氢氧化铜可湿性粉剂 500 倍液。每隔 7~10 天 1 次，连续防治 2~3 次。采收前 3 天停止用药。保护地栽培防病用药：用 50% 异菌脲可湿性粉剂 1500 倍液喷淋，或每亩用 5% 百菌清烟剂 250 克熏蒸，或每亩用 10% 脂铜粉尘剂 1000 克喷粉。

397. 韭菜菌核病如何防治?

此病主要为害叶片、叶鞘和假茎。患部变褐，湿腐状，终致植株枯死。病部被棉絮状菌丝所缠绕，并着生由菌丝纠结而成的菜子状小菌核。幼嫩菌核乳白色或黄白色；老熟菌核茶褐色，易脱落。综合防治方法如下：

一是农业防治。选用地势高燥的田块并深沟高畦栽培，雨停不积水；使用的有机肥要充分腐熟并不得混有上茬本作物残体；水旱轮作；育苗的营养土要选用无菌土，使用前晒 3 周以上；选用抗病包衣的种子，如未包衣可用拌种剂或浸种剂灭菌，播种后用药土作覆盖土，移栽前喷施 1 次除虫灭菌剂，这是防治病虫害的重要措施；合理密植；发病时及时清除病叶、病株并带到田外烧毁，病穴施药或施生石灰。

二是化学防治。选用 50% 乙烯菌核净可湿性粉剂 700 倍液；40% 乙烯菌核净干悬剂 1000 倍液；50% 异菌脲可湿性粉剂 1000~1500 倍液；25% 异菌脲悬浮剂 1000~1500 倍液；50% 多菌灵可湿性粉剂 800 倍液；70% 甲基硫菌灵可湿性粉剂 1000 倍液；50% 腐霉利可湿性粉剂 1000 倍液。上述药剂交替使用，每隔 7~10 天 1 次，防治 1~2 次效果更佳。

398. 如何防治韭菜病毒病?

一是农业防治。不要和烟草、黄瓜、桃树相邻种植；高温干旱时应经常灌水，以提高田间湿度，减轻蚜虫为害与传毒；防治好蚜虫，断绝蚜虫传毒途径；水旱轮作；移栽前喷施 1 次除虫灭菌药。

二是化学防治。防治蚜虫用药：25%噻虫嗪水分散粒剂 6000~8000 倍液；70%吡虫啉水分散粒剂 1500 倍液；20%吡虫啉可溶剂 6000 倍液；15%丁硫·吡虫啉乳油 1500 倍液；5%啶虫脒乳油 3000 倍液。上述药剂交替使用，每隔 7~10 天 1 次，防治 1~2 次。防治病毒用药：20%盐酸吗啉胍可湿性粉剂 600 倍液；1.5%十二烷基硫酸钠 1200 倍液；10%混合脂肪酸 80 倍液；20%盐酸吗啉胍可湿性粉剂 1400 倍液加 10%混合脂肪酸水剂 1000 倍液；5%菌毒清 250 倍液；8%宁南霉素 200 倍液。上述药剂交替使用，每隔 7~10 天 1 次，防治 1~2 次。

399. 怎样用农业方法防治韭菜地蛆？

一是科学施肥。要施用充分腐熟的有机肥料。施肥要做到开沟深施覆土。

二是灌水防治。在早春，尤其是在秋季幼虫发生时，连续灌水 3 次，每天早、晚各灌 1 次。灌水以淹没垄背为准，使根蛆窒息死亡。

三是剔韭法防治。用竹签剔开韭根周围土壤，造成干燥环境，降低幼虫孵化率和成虫羽化率，减轻为害。剔韭时间以春季地面表土未完全解冻为宜，宁早勿晚。

四是糖醋液诱杀成虫。用糖:醋:酒:水＝3:3:1:10 的比例加入 1/10 的 90%晶体敌百虫配成混合液，分装在瓷制容器内，每亩均匀放置 10 个，可有效地诱杀成虫。5~7 天更换 1 次，隔日加 1 次糖醋液。

五是生物药剂防治。每亩用 0.1%苦参碱粉剂 2~3 千克，拌细土或细沙 15~20 千克撒施，然后深锄，使药混入土壤中，3~4 天后浇水。

400. 如何用化学药剂防治韭菜地蛆？

在成虫羽化盛期用 10%氰戊·马拉松乳油 3000 倍液，或 20%溴氰菊酯 3000 倍液喷洒杀灭成虫，上午 10 时喷洒效果最佳。幼虫为害始盛期用 75%辛硫磷 500 倍液灌根防治，7~8 天 1 次，连灌 2~3 次即可。如果是保护地韭菜栽培，应在扣膜前把韭根扒开，晾晒 7 天，可冻杀部分越冬幼虫，随后灌 1 次药，效果更佳。

401. 怎样防治韭菜斑潜蝇？

一是农业防治。清洁田园，消灭虫源：青韭收割后及时清除韭菜田的枯叶、杂草，尽量压低虫源基数，减少下一代发生数量；合理施肥与浇灌：韭菜田一般于 12 月下旬至翌年 1 月上旬施充分腐熟的有机肥，每亩 5000 千克，撒施后深锄，浇足封冻水，冻垡。结合浇封冻水用 50%辛硫磷或

48%毒死蜱灌根杀死落地蛹。

　　二是药剂防治。成虫防治：根据成虫发生规律及时进行防治，在每次高峰期前后叶面喷施1.1%烟百素乳油1000~1500倍液，或5%氟虫脲乳油2000倍液，或2.5%溴氰菊酯500倍液，或48%毒死蜱1000倍液，交替使用，每隔7天喷1次，连喷3次；幼虫防治：当田间点、片发生轻微为害症状时，及时用48%毒死蜱1000倍液，或10%虫螨腈3000倍液，或5%氟啶脲2000倍液，进行喷雾防治，几种药剂交替使用，每隔7~10天喷1次，连喷3次即可。